农产品质量安全工作指南

◎曹忠新　主编

中国农业科学技术出版社

图书在版编目（CIP）数据

农产品质量安全工作指南 / 曹忠新主编．—北京：中国农业科学技术出版社，2020. 6

ISBN 978-7-5116-4728-3

Ⅰ. ①农…　Ⅱ. ①曹…　Ⅲ. ①农产品-质量管理-安全管理-中国-指南　Ⅳ. ①F326. 5-62

中国版本图书馆 CIP 数据核字（2020）第 074604 号

责任编辑　崔改泵
责任校对　李向荣

出 版 者　中国农业科学技术出版社
北京市中关村南大街 12 号　邮编：100081
电　　话　(010)82109194(编辑室)　(010)82109702(发行部)
(010)82109709(读者服务部)
传　　真　(010)82106650
网　　址　http://www.castp.cn
经 销 者　各地新华书店
印 刷 者　北京科信印刷有限公司
开　　本　880 mm×1 230 mm　1/32
印　　张　8. 125
字　　数　226 千字
版　　次　2020 年 6 月第 1 版　2020 年 6 月第 1 次印刷
定　　价　88. 00 元

《农产品质量安全工作指南》

编 委 会

主　　编　曹忠新

统筹主编　赵永红　刘明云

技术主编　冯爱丽　张　涛

副 主 编　卢　宁　来永钧　高庆华　赵中涛
杨赛青　王惠滨　李东起　范海波

主要编写人员（以姓氏笔画为序）

马金芝　马明敏　王　勇　王　楠
王世仙　王洪生　朱淑仙　任　娜
任友良　齐延彬　刘月娟　刘悦上
刘雅琴　孙　哲　孙爱良　孙德江
孙淑娟　杜成彬　李　芹　李小贝
李志刚　李学刚　李峤翡　李维欣
吴振美　宋　芸　宋立莉　张小娣
张广霞　张立娟　张乐森　张伟华
张延霞　张栋栋　单春丽　赵　璇
徐东英　郭树河　崔　琦　商艳兰
蔺艳丽　蔡　昊　薛丽霞

前　言

民以食为天，食以安为先。农产品质量安全是事关群众切身利益的重大民生问题。近年来，党中央对农产品质量安全问题高度重视，习近平总书记多次就农产品质量安全问题作出重要指示，提出用最严谨的标准，最严格的监管，最严厉的处罚，最严肃的问责，确保广大人民群众舌尖上的安全。2019 年中央一号文件提出要大力发展紧缺和绿色优质农产品生产，深入推进农业绿色化、优质化、特色化、品牌化，调整优化农业生产力布局，推动农业由增产导向转向提质导向，提升农业发展质量，培育乡村发展新动能。

2015 年，山东省滨州市启动整建制山东省“农产品质量安全市”创建，2016 年，与“食品安全示范城市”进行“双城同创”，动员全市各级全力抓好农产品质量监管，牢固树立并切实贯彻“创新、协调、绿色、开放、共享”五大发展理念，坚持“产、管”结合，落实政府属地管理责任、部门监管责任和生产经营者主体责任，逐步构建从基地到餐桌的农产品质量安全全程监管体系，农产品质量安全工作取得了显著成效。

本丛书是编写人员对《中华人民共和国农产品质量安全法》《中华人民共和国食品安全法》《中华人民共和国农药管理条例》《山东省农产品质量安全管理条例》《山东省农产品质量安全监督管理规定》等法律法规进行整理、归纳，简要解答了相关农产品质量安全知识问题，主要涉及农产品质量安全监管、三品一标质量认证、农产品质量安全市创建和农药经营管理及农业投入品监管等内容，同时整理了部分农作物种植规程，希望本书对农产品质量安全监管人员和生产经营者的工作起到有益的指导作用。

限于编者水平，本书难免有错漏之处，恳请广大读者批评指正。

编　者

2020 年 1 月

目　　录

第一篇　农产品质量安全监管

1. 什么是农产品质量安全？

农产品质量安全是指农产品质量符合保障人的健康、安全的要求。农产品质量既包括涉及人体健康、安全的安全性要求，也包括涉及产品的营养成分、口感、色香味等品质指标的非安全性要求。

2. 农产品安全生产的重要意义是什么？

（1）农产品安全生产直接关系人类的健康和安全。

（2）农产品安全生产是提升我国农产品在国际市场竞争力的根本措施。

（3）农产品安全生产符合我国农业可持续发展的要求。

（4）农产品安全生产是提高农业效益的有效途径。

（5）农产品安全生产有益于新技术在农业生产中的应用。

3. 农产品质量安全监督管理责任如何落实？

县级以上人民政府应当将农产品质量安全管理工作纳入国民经济和社会发展规划，建立健全农产品质量安全工作机制，统一领导、协调本行政区域内的农产品质量安全工作，落实农产品质量安全责任，保障农产品质量安全经费，提高农产品质量安全水平。

县级以上人民政府农业、林业、畜牧兽医、渔业行政主管部门（以下统称农产品质量安全监督管理部门）按照职责分工，负责本行政区域内农产品质量安全的监督管理工作。发展改革、财政、卫生、商务、环境保护、质量技术监督、工商行政管理和出入境检验检疫等有关部门，应当按照各自职责，做好农产品质量安全的相关工作。

乡镇人民政府应当加强对本行政区域内农产品生产经营活动的指导、监督，健全乡镇或者区域性农产品质量监管公共服务机构，落实农产品质量安全管理责任。

村民委员会应当协助人民政府做好农产品质量安全管理工作，加强农产品质量安全生产经营活动的宣传、教育和引导。

4. 影响农产品质量安全的因素有哪些?

农业生产是一个开放的系统。根据来源不同，影响农产品质量安全的危害因素主要包括农业种养过程可能产生的危害、农产品保鲜包装贮运过程可能产生的危害、农产品自身的生长发育过程中产生的危害、农业生产中新技术应用带来的潜在危害等四个方面：①农业种养过程可能产生的危害。包括因投入品不合格使用或非法使用造成的农药、兽药、硝酸盐、生长调节剂、添加剂等有毒有害残留物，产地环境带来的铅、镉、汞、砷等重金属元素，石油烃、多环芳烃、氟化物等有机污染物，以及六六六、滴滴涕等持久性有机污染物。②农产品保鲜包装贮运过程可能产生的危害。包括贮存过程中不合理或非法使用的保鲜剂、催化剂和包装运输材料中有害化学物等产生的污染。③农产品自身的生长发育过程中产生的危害，如黄曲霉毒素、沙门氏菌、禽流感病毒等。④农业生产中新技术应用带来的潜在危害。如外来物种侵入、非法转基因品种等。

5. 农产品产地安全如何监测管理?

县级以上人民政府农产品质量安全监督管理部门应当建立和完善农产品产地安全监测管理制度，定期对农产品产地安全进行调查、监测和评价。

农产品产地，是指植物、动物、微生物生产的相关区域，包括耕地、林地、养殖场区和养殖水域等。

6. 在哪些区域设置农产品产地安全监测点？

县级以上人民政府农产品质量安全监督管理部门应当在下列区域设置农产品产地安全监测点：

（1）工矿企业周边的农产品生产区。

（2）污水灌溉区。

（3）城市郊区的农产品生产区。

（4）重要农产品生产区。

（5）其他需要监测的区域。

7. 农产品禁止生产区如何划定？

农产品产地有毒有害物质不符合产地安全标准的，应当划定为农产品禁止生产区。县级人民政府农产品质量安全监督管理部门组织专家根据特定农产品品种特性，对生产区域的大气、土壤、水体、海洋底土中有毒有害物质状况等进行分析论证，划定禁止生产区，列明禁止生产的农产品种类，报本级人民政府批准后公布。

农产品禁止生产区需要调整的，应当按照规定程序办理。农产品禁止生产区可以生产对生态环境具有修复和改善作用的农产品。

8. 哪些情况不能作为食用农产品种植业的生产基地？

有下列情况之一，则不能作为食用农产品种植业的生产基地：

（1）产地周围及产区内有工矿企业、医院等污染单位，排放的废气、废水、废渣等对产区农业环境造成严重污染的。

（2）产地为农作物病虫害的高发区。

（3）产地不具备水源和排灌条件，土质不符合条件并无法改造的地区。

（4）通过对产地环境质量指标进行检测评价，综合污染指标不达标的。

（5）土壤或水源中有害矿物质含量过高。

9. 农产品禁止生产区造成农产品生产者损失如何补偿？

因划定农产品禁止生产区造成农产品生产者损失的，由造成污染的责任者依法予以赔偿；责任者无法确定的，由县级人民政府给予适当补偿。

10. 农产品禁止生产区如何修复和治理？

县级以上人民政府应当组织环境保护、国土资源、水利和农产品质量安全监督管理等部门，采取生物、化学、工程等措施，对农产品禁止生产区进行修复和治理。

11. 如发现农产品产地污染事件如何报告？

禁止任何单位和个人违法向农产品产地排放或者倾倒废水、固体废物或者其他有毒有害物质。因发生污染事故，造成或者可能造成农产品产地污染的，有关单位和个人应当及时采取控制措施，并立即向当地环境保护、农产品质量安全监督管理部门报告。接到报告的部门应当立即进行调查处理，并及时报告本级人民政府。

12. 什么叫农产品生产记录？

按照农业标准化生产的要求，为加强产地环境、生产过程的质量安全监控，实现农产品质量追踪管理，在农产品生产过程中，对产地环境条件、种子、农药、化肥等农业投入品的使用、农产品上市等情况进行记载，并建立备查档案，此档案称为农产品生产记录。

13. 建立农产品生产记录的意义是什么？

建立农产品生产记录，通过实行农产品标识化流通，建立农产品市场准入，从市场能对农产品质量实行反向追踪，有利于实现对农产品的质量安全的追踪管理，建立质量追溯制度，强化生产者的质量安全责任意识，促使生产者按照国家标准组织生产，并通过对全年生产记载的分析，能促进生产者改进生产技术，提高生产效益。

14. 农产品生产记录应如实记载哪些事项？

《中华人民共和国农产品质量安全法》（以下简称农产品质量安全法）中规定农产品生产企业和农民专业合作经济组织应当建立农产品生产记录，如实记载下列事项：（一）使用农业投入品的名称、来源、用法、用量和使用、停用的日期；（二）动物疫病、植物病虫草害的发生和防治情况；（三）收获、屠宰或者捕捞的日期。

15. 为什么要求农产品生产企业和农民专业合作经济组织建立农产品生产记录？

主要是明确农产品企业和农民专业合作经济组织在农产品生产过程中的责任和示范带动作用。农产品生产企业和农民专业合作经济组织大多具有一定的规模和技术基础，同时具有一定的组织管理能力和市场营销能力，生产的农产品绝大多数是为了满足市场销售，建立完善的生产过程记录，既有利于生产过程中技术的统一，也有利于品牌的打造、质量安全问题的追溯，而且更重要的是便于带动农产品的标准化生产，引导签约农户和周边农户树立质量安全意识、责任意识、科学生产满足市场需求的生产意识。

16. 未建立或伪造农产品生产记录如何处罚？

农产品生产记录应当保存二年，禁止伪造农产品生产记录。国家鼓励其他农产品生产者建立农产品生产记录。农产品生产企业、农民专业合作经济组织未建立或者未按照规定保存农产品生产记录的，或者伪造农产品生产记录的，责令限期改正；逾期不改正的，可以处二千元以下罚款。

17. 什么是农药安全间隔期？什么是休药期？

安全间隔期是指农产品在最后一次施用农药到收获上市之间的时间。在此期间，多数农药的有毒物质会因光合作用等因素逐渐降解，农药残留会达到安全标准，不会对人体健康造成危害。不同品种的农药有不同的安全间隔期。

休药期是指食用动物在最后一次使用兽药到屠宰上市或其产品（蛋、奶等）上市销售的期间。在此期间，首要的有害物质会随着动物的新陈代谢因素逐渐消失，兽药残留会达到标准，不会对人体健康造成危害。不同品种的兽药有不同的休药期。

18. 如何遵守农药安全间隔期、休药期规定？

在农药、兽药使用中严格执行安全间隔期或休药期规定，是合理使用农业投入品的重要内容。根据农药管理条例和兽药管理条例及农业有关规定的要求，农药、兽药在其标签或说明书上都应标注安全间隔期、休药期等内容，农产品生产者应当按照标注的安全间隔期、休药期使用农业投入品，确保农产品质量安全。

19. 农产品生产企业和农民专业合作经济组织的“自检”有哪些方式？

“自检”主要包括两种方式：一种是农产品生产企业和农民专业合作经济组织自己具有检测仪器，由本企业或本组织的检测人员进行检测的方式；另一种是农产品生产企业和农民专业合作经济组织自身没有检测仪器、人员，通过委托有关检测机构进行检测的方式。这里提到的“有关检测机构”，是指符合《中华人民共和国农产品质量安全法》第三十五条规定，经过省级以上人民政府农业行政主管部门或者其授权的部门考核合格的农产品质量安全检测机构。

20. 什么叫无害化处理？

无害化处理是指采用物理、化学或生物的方法，对被污染的农产品进行适当的处理，防止不符合农产品质量安全标准的农产品流入市场和消费领域，确保其对人类健康、动植物和微生物安全、环境不构成危害或潜在危害。

21. 什么是标准？

国际标准化组织（ISO）对标准定义，是指在一定范围内以获得最佳秩序为目的，对活动或其结果规定共同的和重复使用、经协商一致指定并经公认机构批准的规则、导则或特定文件。ISO 将标准分为 9 大类：通用、基础和科学标准，卫生、安全和环境标准，工程技术标准，电子、信息技术和电信标准，货物的运输和分配标准，农业和食品技术业标准，材料技术标准，建筑标准，特种技术标准。按性质，标准分为强制性标准和推荐性标准，其中强制性标准具有法律效力，必须执行；推荐性标准可自愿使用。

《中华人民共和国标准化法》对标准的定义，是对重复性事物和概念所做的统一规定。它以科学、技术和实践经验的综合成果为基础，经有关方面协商一致，由主管机构批准，以特定形式发布，作为共同遵守的准则和依据。

22. 标准代码的含义是什么？

我国标准代码由标准类型代码、标准性质代码、标准代号、标准发布顺序和标准发布年代号构成。标准类型包括国家（GB）、行业（农业标准以NY或SC表示）、地方（如DB代表地方标准）和企业（QY）标准。例如，《标准化工作导则　第1部分：标准的结构和编写》的标准代码是GB/T 1.1-2009。其中，GB代表国家标准；T代表推荐性标准；1.1代表第一个发布的标准的第一部分；2009代表2009年发布该标准。

23. 什么是质量指标？什么是安全指标？

评价食品健康的指标主要包括质量指标和安全指标。质量指标是满足人们基本营养、品质和商品交易需要的程度，包括色、香、味、形、规格、水分、杂质等；安全指标则指直接或间接对人体健康造成危害的指标。

24. 农产品质量安全标准如何制定实施？

省级农产品质量安全监督管理部门应当根据国家农产品质量安全标准，制定省级的农产品质量安全生产技术要求和操作规程，并组织实施。农产品生产者应当严格执行农产品质量安全标准，按照农产品质量安全生产技术要求和操作规程从事农产品生产，不得违反国家有关强制性技术规范。

县级以上人民政府农产品质量安全监督管理部门应当采取措施，推行农业标准化生产，推广清洁生产技术和方法。

鼓励和扶持农民专业合作经济组织或者农产品行业协会组织其成员实施农产品标准化生产。

25. 为什么各国间的标准会有差异?

首先，各国都根据本国的农业生产实际情况、膳食结构进行风险评估，制定本国的食品安全标准，因为各国农业生产方式和饮食习惯不同，所以制定的标准有差异。其次，在保证科学的基础上，为了保护本国农产品市场，增加国际竞争力，保护国民健康，各国在制定标准时都可能存在过度保护的情况，总的看，出口宽松、进口严格是各国的基本做法，往往将标准作为农产品国际贸易的技术性贸易壁垒。最后，受经济发展水平和消费习惯影响，各国居民的关注程度和消费倾向往往影响标准制定的偏重点。

26. 什么是农产品标准化生产?

农产品标准化生产是指以农业科学技术和实践经验为基础，运用简化、统一、协调、选优原理，以科研成果与先进技术转化为标准，在农业生产和管理中加以实施应用。

27. 山东省级标准化生产基地“十有五统”标准是什么?

“十有五统”的标准，即有生产规程、有生产档案、有产品品牌、有检测能力、有包装标识、有龙头依托、有管理责任人、有技术负责人、有质量安全追溯、有产地证明，统一供种(苗)、统一供肥、统一病虫害防治、统一产品认证、统一质量检测。通过各级努力，真正把基地打造成为农产品标准化生产示范基地。

28. 滨州市市级标准化生产基地“五要”标准是什么?

一要责任到位，要有明确的质量安全管理负责人和生产技术负责人；二要按标准组织生产，标准要健全并确保落实；三要规范生产记录，生产管理活动有据可查；四要实行产地准出检测，做到产品每出必检，检测记录保存 2 年以上；五要通过质量认证，基地产品要有“三品一标”认证，实行品牌化经营。

29. 农产品包装和标识是如何规定的？

县级以上人民政府农产品质量安全监督管理部门应当加强农产品包装和标识管理，引导农产品生产者、经营者采用科学包装方法和先进标识技术，并应用现代信息技术对农产品的生产经营进行全程监控。

农产品包装应当符合农产品储藏、运输、销售及保障安全的要求，便于拆卸和搬运，防止污染、变质。

包装材料和使用的保鲜剂、防腐剂、添加剂等物质，应当符合国家有关强制性技术规范。

30. 哪些农产品需要进行包装？

农产品生产企业、农民专业合作经济组织以及从事农产品收购的单位和个人，应当对其销售的下列产品进行包装：

（1）获得无公害农产品、绿色食品、有机农产品认证的农产品，但鲜活水产品、畜禽产品除外。

（2）使用农产品地理标志的农产品。

（3）已经取得注册商标的农产品。

（4）国家和省规定的其他需要包装的农产品。

前款规定的农产品，其生产者和经营者应当在包装物上标注或者附加标识，标明农产品的品名、产地、生产日期、保质期、净重以及生产者或者经营者名称、地址、联系方式等内容。

31. 对不需要包装的农产品是如何规定的？

对依法不需要包装的农产品，鼓励联户经营、专业大户、家庭农场等新型经营主体和有条件的农户，对其生产经营的农产品进行包装、标识，采取附加标签、标识牌、标识带、说明书等形式，标明农产品的品名、产地、生产日期、保质期以及生产者或者经营者名称、地址、联系方式等内容。

32. 添加剂、电离辐射或转基因等农产品是否需要标注？

农产品有分级标准或者使用添加剂的，应当标明产品质量等级或者添加剂名称。

经电离辐射线或者电离能量处理过的农产品以及属于农业转基因生物的农产品，应当按照国家有关规定进行标识。

33. “三品一标”认证农产品如何标注？

获得无公害农产品、绿色食品、有机食品认证的或者使用农产品地理标志的农产品，应当在包装物上标注相应标志和发证机构。

禁止伪造、冒用或者超期使用无公害农产品、绿色食品、有机食品质量标志。禁止伪造、冒用农产品地理标志和登记证书。

34. 农产品标识是如何规定的？

农产品标识应当使用规范的简体中文。农产品标识所标注的内容应当准确、清晰，易于消费者辨认、识读，方便查验和追溯。农产品生产企业、农民专业合作经济组织以及从事农产品收购的单位和个人，应当对其销售的农产品的包装质量和标识内容负责。

35. 是否需要建立农产品市场准入制度？

县级以上人民政府应当建立健全农产品市场准入制度。进入市场销售的农产品，应当符合国家规定的农产品质量安全标准。农产品经营者应当对其经营的农产品质量安全负责。

36. 哪些农产品不得上市销售?

《中华人民共和国农产品质量安全法》中规定有下列五种情形之一的农产品，不得在市场上销售：①含有国家禁止使用的农药、兽药或者其他化学物质的；②农药、兽药等化学物质残留或者含有的重金属等有毒有害物质，不符合农产品质量安全标准的；③含有致病性寄生虫、微生物或者生物毒素不符合农产品质量安全标准的；④使用的保鲜剂、防腐剂、添加剂等材料不符合国家有关强制性的技术规范的；⑤其他不符合农产品质量安全标准的。农产品销售企业应建立健全进货检查验收制度；经查验不符合质量安全标准的农产品，不得销售。

37. 农产品市场开办单位应当遵守哪些规定?

农产品市场开办单位应当遵守下列规定。

（1）设立农产品质量安全标准公示牌，对进入市场经营的农产品经营者进行登记，实行固定摊位、挂牌经营，并与经营者签订质量安全责任书。

（2）建立农产品质量安全检测制度，对进入市场销售的农产品进行抽查检测，记录并公布检测结果。

（3）对经检测不合格的农产品，应当要求经营者立即停止销售，并向当地市场监督管理和农产品质量安全监督管理部门报告。

（4）统一印制销售凭证。

（5）指导、督促农产品经营者建立进货台账和销售记录。

38. 农产品经营者在农产品市场从事经营活动应当遵守哪些规定?

农产品经营者在农产品市场从事经营活动，应当遵守下列规定：①在摊位前悬挂标有经营者姓名和联系方式的标示牌；②建立进货台账和销售记录；③根据购买者的要求，提供农产品销售凭证。

农产品经营者在其他场所从事经营活动，比照前款规定执行。

39. 农产品经营需要建立进货台账和销售台账吗?

从事农产品批发、配送等经营的单位和个人，应当依法建立进货台账和销售台账，如实记录产品名称、规格、产地、数量、供货商及其联系方式、进货时间等内容。

进货台账和销售台账保存期限不得少于二年。

40. 运输、储存农产品有何规定?

运输、储存农产品时，应当采取必要的措施保障农产品质量安全。农产品的运输工具、垫料、包装物、容器等，应当符合国家规定的卫生条件和动植物防疫条件，不得将农产品与有毒有害物品混装运输。需冷藏保鲜的农产品在运输、储存时，应当使用冷藏设施。

41. 农产品经营者对于不合格农产品如何处置?

农产品经营者发现其销售的农产品存在安全隐患，可能对人体健康和生命安全造成损害的，应当立即停止销售，及时封存，并向当地市场监督管理和农产品质量安全监督管理部门报告。确有安全隐患的，生产企业或者供货商应当召回其产品。对农产品经营过程中发现的不合格农产品，由县级以上人民政府市场监督管理部门依法予以处理；对不合格农产品的产地和生产者，由县级以上人民政府农产品质量安全监督管理部门进行追溯处理，并采取必要的补救措施。

42. 集体供餐单位、餐饮企业采购农产品是否需要建立采购记录?

学校、医院、企业等集体供餐单位以及宾馆、饭店等餐饮企业采购农产品，应当查验、索要有关凭证，并建立采购记录。农产品采购记录应当保存二年。禁止伪造农产品采购记录。

43. 农产品质量安全监督管理部门是否需要制订农产品质量安全监测计划?

县级以上人民政府农产品质量安全监督管理部门应当制订并组织实施农产品质量安全监测计划，对生产中和市场上销售的农产品进行例行监测和监督抽查。监督抽查结果由省级农产品质量安全监督管理部门按照权限予以公布。监督抽查不得重复进行，不得收取任何费用；因检测结果错误给当事人造成损害的，应当依法承担赔偿责任。

44. 农产品质量安全检测机构从事检测工作需要具备什么资质?

农产品质量安全检测机构应当依法经计量认证并经省级农产品质量安全监督管理部门考核合格后，方可对外从事农产品、农业投入品和农产品产地检测工作。农产品质量安全检测机构应当客观、公正、独立地从事检测活动，并对检测结果承担相应的法律责任。

45. 农产品质量安全监督管理部门在农产品质量安全监督检查中行使哪些职权?

县级以上人民政府农产品质量安全监督管理部门在农产品质量安全监督检查中，可以行使下列职权：①对生产、销售的农产品进行现场检查；②调查了解农产品质量安全的有关情况；③查阅、复制与农产品质量安全有关的记录和其他资料；④依法查封、扣押不符合农产品质量安全标准的农产品。

任何单位和个人不得违法阻碍农产品质量安全监督管理人员依法执行职务。

县级以上人民政府农产品质量安全监督管理部门应当建立农产品生产者、经营者违法行为记录制度，对违法行为情况予以记录并公布。

46. 什么是“四个最严”?

在2013年12月23日至24日的中央农村工作会议上，习近平总书记指出，食品安全源头在农产品，基础在农业，必须正本清源，首先把农产品质量抓好。用最严谨的标准，最严格的监管，最严厉的处罚，最严肃的问责，确保广大人民群众“舌尖上的安全”。

47. 山东省农产品质量安全监管责任是如何规定的?

根据《山东省农产品质量安全监督管理规定》第5条规定，各级人民政府应当将农产品质量安全工作纳入政府工作考核内容，建立健全农产品质量安全监督管理责任制。农产品质量安全实行属地管理。各级人民政府对本行政区域内的农产品质量安全负总责，农产品质量安全监督管理部门和其他有关部门按照各自职责承担相应的监督管理责任。农产品生产者和经营者对其生产经营范围内的农产品质量安全负直接责任。

48. 为什么要实施农产品质量安全监督检查?

农产品质量安全监督检查是指县级以上人民政府农业行政主管部门，依法对生产中或者在批发市场、农贸市场、配送中心、超市等销售的农产品质量安全监督的一种具体行政行为，监督抽查是国家对农产品质量安全进行动态跟踪监测的主要方式之一，是法律规定能否得到有效实施的保证，目的是从市场准入条件入手，禁止不符合农产品质量安全标准的农产品上市销售。

49. 监管体系“五有”标准是什么？

监管体系建设要求：“机构有人员、服务有场所、监管有手段、下乡有工具、工作有经费”的“五有”标准。按照“纵到底、横到边、全覆盖、无盲区”的要求，建立健全省、市、县、乡四级农产品质量安全监管机构和省、市、县、乡、村五级监管队伍。

50. 如何进行农产品监督检查？

《中华人民共和国农产品质量安全法》中规定，国家建立农产品质量安全检测制度。县级以上人民政府农业行政主管部门应当按照保障农产品质量安全的要求，制订并组织实施农产品质量安全监测计划，对生产中或者市场上 销售的农产品进行监督抽查。监督抽查结果由国务院农业行政主管部门或省、自治区、直辖市人民政府农业行政主管部门按照权限予以公布。

51. 建立农产品质量安全监测制度的目的是什么？

通过法律的形式确立农产品质量安全监测制度，以对生产或流通中农产品以及可能危及农产品质量安全的农业投入品、产地环境等，进行有计划、有重点的风险评估检测、例行监测、监督抽查等不同形式的农产品质量安全状况监测，为农产品质量安全风险评估提供数据支持，为政府有效实施风险管理提供科学依据，为公众及时了解农产品质量安全现状提供权威信息，督促农产品生产经营者不断提高质量安全管理水平，防止农产品重大质量安全事故的发生，最大限度地减少危害，保证农产品消费安全。

监督抽查检测应当委托具备检测资质的农产品质量安全检测

机构进行，不得向被抽查人收取费用，抽取的样品不得超过国务院农业行政主管部门规定的数量。上级农业行政主管部门监督抽查的农产品，下级农业行政主管部门不得另行重复抽查。

52. 农产品生产者对监督抽查检测结果有异议怎么办？

《中华人民共和国农产品质量安全法》中规定，农产品生产者、销售者对监督抽查检测结果有异议的，可以自收到检测结果之日起五日内，向组织实施农产品质量安全监督抽查的农业行政主管部门或者其上级农业行政主管部门申请复检。

采用国务院农业行政主管部门会同有关部门认定的快速检测方法进行农产品质量安全监督抽查检测，被抽查人对检测结果有异议的，可以自收到检测结果时起四小时内申请复检。复检不得采用快速检测方法。因检测结果错误给当事人造成损害的，依法承担赔偿责任。

53. 滨州市制定农产品质量监测制度了吗？

滨州市政府办公室下发了《关于建立农产品质量安全季监测制度的通知》（滨政办信函〔2009〕109 号），市财政列支专项检测经费，市级实行农产品“季监测、季通报”制度。滨州市农业农村局负责在全市范围内开展蔬菜、畜产品例行监测工作，及时掌握全市农畜产品质量安全状况，有针对性地开展质量安全监管工作，提升全市农产品质量安全水平。

54. 对监督抽查的费用有何规定？

各级农业行政主管部门组织的监督抽查，所需费用由各级财政安排的农产品质量安全经费中列支，不得向被抽查方收取费用。

55. 监测或者执法中发现农产品不符合质量安全标准要求的如何处理?

《山东省农产品质量安全监督管理规定》第二十二条规定，县级以上人民政府农产品质量安全监督管理部门和其他有关部门，应当依照各自权限依法及时公布监测结果；监测或者执法中发现农产品不符合质量安全标准要求的，应当按照下列规定处理：（一）对不符合要求的农产品，责令召回、停止销售或者依法进行无害化处理，不能进行无害化处理的予以监督销毁；（二）对产地或者生产基地的生产条件、生产过程进行跟踪检测、检查，并可采取责令改正、取消扶持政策或者采取其他补救措施；（三）依法追究有关单位和人员的责任。

56. 对农产品质量安全社会监督是如何规定的?

国家鼓励单位和个人对农产品质量安全进行社会监督。县级以上人民政府应当建立农产品质量安全社会监督制度，鼓励单位和个人对农产品质量安全进行社会监督。鼓励在农村设立农产品质量安全信息员，协助政府及有关部门对农产品生产过程进行监督。任何单位和个人都有权对农产品生产经营活动中的违法行为进行检举、揭发和控告。有关部门收到相关的检举、揭发和控告后，应当及时调查处理。

对在农产品质量安全监督工作中作出突出贡献的单位和个人，由县级以上人民政府及其有关部门给予表彰和奖励。

57. 农业部门在农产品质量安全执法中的权限有哪些?

《中华人民共和国农产品质量安全法》第三十九条中规定，县级以上人民政府农业行政主管部门在农产品质量安全监督检查中，可以对生产、销售的农产品进行现场检查，调查了解农产品质量安全的有关情况，查阅、复制与农产品质量安全有关的记录和其他资料；对经检测不符合农产品质量安全标准的农产品，有权查封、扣押。

58. 对不符合农产品质量安全标准的农产品查封、扣押的含义是什么？

查封是指在行政执法过程中，执法人员对涉案农产品予以检查封存，禁止转移或者变卖的行为。

扣押是指在行政执法过程中，执法人员对涉案物品予以扣留，以保持其证明力或确保其不被转移、变卖的行为，扣押的对象主要是书证、物证，也包括涉案的动产。

59. 市场监管部门与农业部门监管责任如何界定？

农业、林业、畜牧兽医、渔业等部门负责食用农产品从种植养殖环节到进入批发、零售市场或生产加工企业前的质量安全监督管理（“三前”环节）。食用农产品进入批发、零售市场或生产加工企业后，按食品由市场监督管理部门监督管理。

60. 农产品质量安全监管涉及哪些部门？

县级以上人民政府农产品质量安全监督管理部门和商务、市场监督管理等部门，应当建立健全农产品质量安全追溯制度和工作协调机制，加强联合执法，依法做好农产品生产、运输、加工、销售等环节的监督管理，保证农产品质量安全。

61. 什么是农产品质量安全事故？

农产品质量安全事故，指食物中毒、食源性疾病、食品污染等源于食用农产品，对人体健康有危害或者可能有危害的事故。

62. 滨州市对农产品质量安全事故是如何分级的?

农产品质量安全事故分为四级，即特别重大农产品质量安全事故（Ⅰ级）、重大农产品质量安全事故（Ⅱ级）、较大农产品质量安全事故（Ⅲ级）和一般农产品质量安全事故（Ⅳ级）四个级别。

（1）特别重大农产品质量安全事故（Ⅰ级）。符合下列情形之一的，为特别重大农产品质量安全事故：①事故危害特别严重，危害范围超出滨州市行政管辖区域，严重损害山东省相关产业发展，并有进一步扩散趋势的；②超出滨州市处置能力水平的；③发生跨地区、跨省乃至跨国农产品质量安全事故，造成特别严重社会影响的；④滨州市政府认为需要由省政府或省政府授权农业部门负责处置的。

（2）重大农产品安全事故（Ⅱ级）。符合下列情形之一的，为重大农产品质量安全事故：①事故危害严重，影响范围涉及滨州市2个以上县区的；②造成伤害人数10人以上，并出现死亡病例的；③滨州市政府认定的重大农产品质量安全事故。

（3）较大农产品安全事故（Ⅲ级）。符合下列情形之一的，为较大农产品质量安全事故：①事故影响范围涉及滨州市县区2个以上乡镇（办事处），给人民群众饮食安全带来严重危害的；②造成伤害人数5人以上，10人以内，并出现死亡病例的；③滨州市政府认定的较重大农产品质量安全事故。

（4）一般农产品安全事故（Ⅳ级）。符合下列情形之一的，为一般农产品质量安全事故：①事故影响范围涉及滨州市县区2个以上乡镇（办事处），给公众饮食安全带来严重危害的；②造成伤害人数5人以内，未出现死亡病例的；③县（区）级政府认定的一般重大农产品质量安全事故。

同一事件的分级依照就高不就低的原则。

63. 处置农产品质量安全事故的工作原则是什么？

（1）以人为本、减少危害。把保障公众健康和生命安全作为应急处置的首要任务，最大限度地减少因农产品质量安全事故造成的人员伤亡和健康损害。

（2）统一领导、分级负责。按照“统一领导、综合协调、分类管理、分级负责、属地管理为主”的农产品质量安全应急管理体制，集中高效地处置农产品质量安全突发事件。

（3）科学评估、依法处置。通过有效使用农产品质量安全风险评估、质量监测等科学手段，充分发挥专业队伍的作用，依据有关法律法规，依法处置、快速应对农产品质量安全事故，推动应急处置工作的规范化、制度化和法制化。

（4）居安思危，预防为主。坚持预防与应急相结合，常态与非常态相结合，做好应急准备，落实各项防范措施，防患于未然。建立健全日常管理制度，加强农产品质量安全风险监测、评估和预警；加强宣教培训，提高公众自我防范意识和应对农产品质量安全事故能力。

64. 如何启动农产品质量安全事故应急机制？

农产品质量安全事故发生后，各级农产品质量安全监管部门会同有关部门依法组织对事故进行分析评估，核定事故级别。达到特别重大（Ⅰ级）或重大（Ⅱ级）农产品质量安全事故标准的，启动省农产品质量安全事故应急预案，成立山东省重大农产品质量安全事故应急处置指挥部（以下简称“指挥部”），统一领导和指挥事故应急处置工作；较大（Ⅲ级）和一般（Ⅳ级）农产品质量安全事故，分别由事故所在地市、县级人民政府农业行政主管部门成立相应的应急处置指挥机构，统一组织开展本行政区域事故应急处置工作。特别重大农产品质量安全事故应按规定报农业农村部开展相应应急处置工作。

65. 农产品质量安全事故报告制度的规定是什么?

建立重大农产品质量安全事故报告制度，包括信息报告和通报，以及社会监督、舆论监督、信息采集和报送等。责任报告单位和人员包括以下范围：①农产品种植单位和个人以及农产品批发市场；②农产品质量安全检验检测机构、科研院所；③重大农产品质量安全事故发生（发现）单位；④地方各级农业主管部门和有关部门；⑤其他单位和个人。

任何单位和个人对重大农产品质量安全事故不得瞒报、迟报、谎报或者授意他人瞒报、迟报、谎报，不得阻碍他人报告。

66. 农产品质量安全事故报告程序是怎样规定的?

遵循从下至上逐级报告原则，允许越级上报。鼓励其他单位和个人向农业行政主管部门报告农产品质量安全突发事件的发生情况。①农产品质量安全事故发生（发现）后，有关单位和个人应当采取控制措施，及时向所在地县级人民政府农业行政主管部门报告；收到报告的机关应当及时处理并报本级人民政府和上级农业部门，并及时通报同级食品安全综合协调部门。②对特别重大、重大农产品质量安全事故信息，实行信息直报，事故发生地县级人民政府农业行政主管部门应在 2 小时以内向省农业农村厅报告信息，同时，向市级农业行政主管部门报告信息，并及时通报同级食品安全综合协调部门。必要时可直接向农业农村部报告。③省农业农村厅接到报告后，属于重大、特别重大农产品质量安全事故的，应当在 2 个小时内向农业农村部农产品质量安全监管局和省政府食品安全工作办公室报告。④指挥部各成员单位在接到Ⅱ级及以上事故报告后，应当立即报省指挥部办公室，指挥部办公室按程序向指挥部报告，并及时报省重大食品安全事故应急处置指挥部。

67. 农产品质量安全事故处置需要哪些应急保障?

（1）信息保障。省农业农村厅建立重大农产品质量安全事故的专项信息报告系统，农产品质量安全监管处会同农业信息中心负责承担重大农产品质量安全事故信息的收集、处理、分析和传递等工作。

（2）技术保障。农产品质量安全事故的技术鉴定工作必须由具备相应资质的检测机构承担。当发生农产品质量安全事故时，受应急指挥部或者其他单位的委托，承担任务的检测机构应立即采集样本，按有关标准要求实施检测，为农产品质量安全事故定性提供依据。

（3）物资保障。市、县级人民政府应当保障重大农产品质量安全事故应急处理所需设施、设备和物资，保障应急物资储备，保障应急处置资金。

68. 农产品质量安全事故处置需要演习演练吗?

各级农业行政主管部门要按照“统一规划、分类实施、分级负责、突出重点、适应需求”的原则，采取定期和不定期相结合形式，组织开展突发重大农产品质量安全事故的应急演习演练，以检验和强化应急准备与应急响应能力，并通过对演习演练的总结评估，完善应急预案。有关企事业单位应当根据自身特点，定期或不定期组织本单位的应急处置演习演练。

69. 农业投入品经营者未建立或者未按照规定保存农业投入品经营档案的如何处罚?

农业投入品经营者未建立或者未按照规定保存农业投入品经营档案，或者伪造农业投入品经营档案的，由县级以上人民政府农产品质量安全监督管理部门责令限期改正；逾期不改正的，处以二千元以下的罚款。

70. 有关单位或者个人引导农产品生产者改变新技术、新产品用途，造成危害农产品质量安全的如何处罚？

有关单位或者个人引导农产品生产者改变新技术、新产品用途，造成危害农产品质量安全的，由县级以上人民政府农产品质量安全监督管理部门责令改正，对单位处二千元以上二万元以下的罚款，对个人处二百元以上二千元以下的罚款。

71. 从事农产品经营的单位和个人未建立或者未按照规定保存进货台账和销售台账如何处罚？

从事农产品批发、配送等经营的单位和个人未建立或者未按照规定保存进货台账和销售台账的，由县级以上人民政府市场监督管理部门责令限期改正；逾期不改正的，处以二千元以下的罚款。

72. 农产品生产企业、农民专业合作经济组织销售的农产品出现违法行为如何处罚？

农产品生产企业、农民专业合作经济组织销售的农产品，含有国家禁止使用的农药、兽药或者其他化学物质的；农药、兽药等化学物质残留或者含有的重金属等有毒有害物质不符合农产品质量安全标准的；含有的致病性寄生虫、微生物或者生物毒素不符合农产品质量安全标准的；其他不符合农产品质量安全标准的，县级以上人民政府农业行政主管部门责令其停止销售；没收其违法销售禁止农产品的经营所得，并处二千元以上二万元以下罚款。罚款的具体数额，由县级以上人民政府农业行政主管部门根据其违法行为具体情况确定。

73. 对冒用农产品质量标志的如何进行行政处罚?

县级以上农业行政主管部门在行政执法中，发现冒用农产品质量标志的违法行为，要求违法行为人立即停止违法行为，没收其冒用农产品质量标志所获得的非法收入，并处二千元以上二万元以下罚款。具体罚款数额由县级以上农业行政主管部门根据其违法行为的情节确定。

74. 生产主体未按规定建立和实施农产品质量安全检测制度的如何处罚?

农产品生产企业、农民专业合作经济组织未按规定建立和实施农产品质量安全检测制度的，由县级以上人民政府农产品质量安全监督管理部门责令限期改正；逾期不改正的，处一千元以上三千元以下罚款。

75. 农产品生产者、经营者给消费者造成损害的如何赔偿和处罚?

农产品生产者、经营者给消费者造成损害的，应当依法承担赔偿责任。农产品市场中销售的农产品，给消费者造成损害的，消费者可以向其开办单位要求赔偿；属于生产者、经营者责任的，农产品市场开办单位有权追偿。消费者也可以直接向农产品生产者、经营者要求赔偿。阻碍农产品质量安全监督管理人员依法执行职务的，由公安机关按照治安管理处罚法的规定处理。

76. 农产品质量安全监管人员如何追责?

各级人民政府、农产品质量安全监督管理部门或者其他有关部门及其工作人员，有下列行为之一的，对负有领导责任的人员和其他有关责任人员依法给予警告、记过或者记大过处分；情节严重，造成恶劣影响的，给予降级或者撤职处分；构成犯罪的，依法追究刑事责任：①履行农产品质量安全监督管理职责不力，造成农产品质量安全事故的；②未按规定查处违法生产、经营农产品行为的；③未按规定开展农产品质量安全监测和发布监测结果的；④未按规定对农药、兽药实施监督管理，造成严重后果的；⑤其他滥用职权、玩忽职守、徇私舞弊的行为。

第二篇　“三品一标”质量认证

1. 什么是“三品一标”？

无公害农产品、绿色食品、有机食品和农产品地理标志统称“三品一标”。

2. 什么是无公害农产品？

无公害农产品是指产地环境、生产过程、产品质量符合国家有关标准和规范的要求，经认证合格获得认证证书并允许使用无公害农产品标志的未经加工或初加工的食用农产品。

3. 无公害农产品的标志及其含义是什么？

无公害农产品的标志是无公害农产品标志图案主要由麦穗、对勾和无公害农产品字样组成，麦穗代表农产品，对勾表示合格，金色寓意成熟和丰收，绿色象征环保和安全。

4. 无公害农产品申请认证主体有哪些？

凡符合《无公害农产品管理办法》规定，生产产品在《实施无公害农产品认证的产品目录》内，具有无公害农产品产地认定有效证书的单位和个人，均可申请无公害农产品认证。

5. 无公害农产品的生产管理应符合什么条件？

（1）生产过程符合无公害农产品生产技术的标准要求；
（2）有相应的专业技术和管理人员；

（3）有完善的质量控制措施，并有完整的生产和销售记录档案。

6. 无公害农产品产地应符合什么条件？

（1）产地环境符合无公害农产品产地环境的标准要求。

（2）区域范围明确。

（3）具备一定的生产规模。

7. 无公害农产品生产过程记录档案包括哪些内容？

无公害农产品生产过程中应按照无公害农产品生产技术规程要求组织生产，对生产过程及主要措施建立生产过程记录档案。生产过程记录档案应真实、客观地记录农产品从播种到收获所有影响产品质量安全的各项农事操作，包括作物名称、品种、种植时间、种子处理或苗木消毒、肥料使用情况、病虫草害防治情况、植物生长调节剂物质的使用、收获等内容，记录完成后，记录人应当签名。“公司+农户”型或者“协会+农户”型的申请人应与种植户签订无公害农产品生产技术指导协议和产品购销协议，指导建立无公害农产品生产过程记录档案。

8. 什么是无公害农产品一体化复查换证？

无公害农产品一体化复查换证是指已获得无公害农产品产地认定、产品认证证书的单位和个人，在证书有效期内，按照规定时限和要求提出重新取得农产品产地和产品证书申请，经确认合格准予换发新的无公害农产品产地和产品证书的过程。

9. 什么是绿色食品？

绿色食品是指遵循可持续发展原则，按照特定生产方式生产，经专门机构认定，许可使用绿色食品标志，无污染的安全、优质、营养类食品。

10. 绿色食品的标志及其含义是什么?

绿色食品的标志图形由三部分构成，即上方的太阳、下方的叶片和蓓蕾。标志图形为正圆形，意为保护、安全。整个图形表达明媚阳光下的和谐生机，提醒人们保护环境创造自然界新的和谐。

11. 绿色食品的特征有哪些?

绿色食品与普通食品相比有三个显著特征:

(1) 产品出自良好生态环境。

(2) 产品实行全程质量控制。

(3) 产品兼备“安全、优质、营养”，体现了生命、资源、环境的协调。

12. 申请使用绿色食品标志的生产单位应当具备哪些条件?

(1) 能够独立承担民事责任。

(2) 具有绿色食品生产的环境条件和生产技术。

(3) 具有完善的质量管理和质量保证体系。

(4) 具有与生产规模相适应的生产技术人员和质量控制人员。

(5) 具有稳定的生产基地。

(6) 申请前三年内无质量安全事故和不良诚信记录。

13. 绿色食品企业必须做好哪些相关记录?

必须做好生产及其管理记录、基地投入品的使用记录，出入库记录、生产资料购买及使用记录、销售记录、卫生管理记录、培训记录等。

14. 认证绿色食品需要交费吗？

是需要交费的。认证费和标志使用费均直接向中国绿色食品发展中心缴纳。认证费应于产品认证合格后，在领取准用证前一次性缴纳；标志使用费第一年应与认证费同时缴纳，第二年、第三年应分别在每个标志使用年度开始前一个月缴纳。超过标志使用年度开始日期六个月未缴纳标志使用费的，中国绿色食品发展中心按其自行放弃标志使用权处理，并根据《绿色食品标志商标使用许可合同》的规定予以公告。

15. 绿色食品标志使用证书有效期是怎样规定的？

绿色食品标志使用证书有效期三年。证书有效期满，需要继续使用绿色食品标志的，标志使用人应当在有效期满三个月前向省级工作机构书面提出续展申请。省级工作机构应当在四十个工作日内组织完成相关检查、检测及材料审核。初审合格的，由中国绿色食品发展中心在十个工作日内作出是否准予续展的决定。准予续展的，与标志使用人续签绿色食品标志使用合同，颁发新的绿色食品标志使用证书并公告；不予续展的，书面通知标志使用人并告知理由。标志使用人逾期未提出续展申请，或者申请续展未获通过的，不得继续使用绿色食品标志。

16. 绿色食品标志使用权怎样管理？

标志使用人有下列情形之一的，由中国绿色食品发展中心取消其标志使用权，收回标志使用证书，并予公告。

（1）生产环境不符合绿色食品环境质量标准的。

（2）产品质量不符合绿色食品产品质量标准的。

（3）年度检查不合格的。

（4）未遵守标志使用合同约定的。

（5）违反规定使用标志和证书的。

（6）以欺骗、贿赂等不正当手段取得标志使用权的。

标志使用人依照前款规定被取消标志使用权的，三年内中国绿色食品发展中心不再受理其申请；情节严重的，永久不再受理其申请。

17. 绿色食品标志是商标吗？

绿色食品标志是中国绿色食品发展中心在原国家工商总局注册的质量证明商标，使用时必须注意遵守《中华人民共和国商标法》的规定，一切假冒、伪造或使用与该标志近似的标志，均属违法行为。

18. 消费者如何识别绿色食品？

绿色食品不仅必须按照规定程序和严格标准申请认证，而且对获得认证后产品的绿色食品标志使用及其包装也有严格的规定。因此，普通消费者可以从产品包装的特有标识来识别绿色食品。获得认证后的绿色食品产品包装上都印有企业信息码，并与绿色食品标志商标（组合图形）同时使用。企业信息码的编码形式为 GFXXXXXXXXXXXX，其中 GF 是绿色食品英文“GREEN FOOD”头一个字母的缩写组合，后面为 12 位阿拉伯数字，其中一到六位为地区代码（按行政区划编制到县级），七到八位为企业获证年份，九到十二位为当年获证企业序号。

19. 什么是有机食品？

有机食品是从英文 Organic Food 直译过来的，其他语言中也有叫生态或生物食品等。有机食品指来自有机农业生产体系，根据有机农业生产要求和相应标准生产加工，并且通过合法的、独立的有机食品认证机构认证的农副产品及其加工品。

20. 有机食品的标志及其含义是什么?

有机食品标志采用人手和叶片为创意元素。一是一只手向上持着一片绿叶，寓意人类对自然和生命的渴望；二是两只手一上一下握在一起，将绿叶拟人化为自然的手，寓意人类的生存离不开大自然的呵护，人与自然需要和谐美好的生存关系。有机食品概念的提出正是这种理念的实际应用。人类的食物从自然中获取，人类的活动应尊重自然规律，这样才能创造一个良好的可持续发展空间。

21. 有机认证的产品与未认证的产品有什么区别?

有机食品标志识别，看产品包装物的标志和产品标志编号，是否按照“有机食品标志设计使用规范”的规定，正确使用标志和标准文体“有机食品”字样。消费者在超市购买认证农产品食品时，还可索看产品认证证书复印件，以辨别真伪。

22. 什么是农产品地理标志?

农产品是指来源于农业的初级产品，即在农业活动中获得的植物、动物、微生物及其产品。

农产品地理标志，是指标示农产品来源于特定地域，产品品质特征主要取决于该特定地域的自然生态环境、历史人文因素及特定生产方式，并以地域名称冠名的特有农产品标志。

23. 农产品地理标志公共标识图案的内涵是什么?

农产品地理标志公共标识图案由中华人民共和国农业农村部中英文字样、农产品地理标志中英文字样、麦穗、地球、日月等元素构成。公共标识的核心元素为麦穗、地球、日月相互辉映，体现了农业、自然、国际化的内涵。标识的颜色由绿色和橙色组成，绿色象征农业和环保，橙色寓意丰收和成熟。

24. 农产品地理标志登记的作用是什么?

农产品地理标志是在长期的农业生产和百姓生活中形成的地方优良物质文化财富，建立农产品地理标志登记制度，对优质、绿色的农产品进行地理标志保护，是合理利用与保护农业资源、农耕文化的现实要求，有利于培育地方主导产业，形成有利于知识产权保护的地方特色农产品品牌。

25. 农产品地理标志登记应当符合哪些条件?

申请地理标志登记的农产品，应当符合下列条件：称谓由地理区域名称和农产品通用名称构成；产品有独特的品质特征；产品品质和特色主要取决于独特的自然生态环境和人文历史因素；产品有限定的生产区域范围和特定的生产方式。

26. 农产品地理标志申请主体资格内容是什么?

农产品地理标志登记申请人应当是由县级以上地方人民政府择优确定行业协会等社团法人或事业法人，并满足以下 3 个条件：①具有监督和管理农产品地理标志及其产品的能力；②具有地理标志农产品生产、加工、营销提供指导服务的能力；③具有独立承担民事责任的能力。

27. 农产品地理标志登记证书有效期有多长?

农产品地理标志登记证书长期有效。

有下列情形之一的，登记证书持有人应当按照规定程序提出变更申请：

（1）登记证书持有人或者法定代表人发生变化的；

（2）地域范围或者相应自然生态环境发生变化的。

第三篇　农产品质量安全市（县）创建

1. 滨州创建省级农产品质量安全市的意义？

民以食为天，食以安为先。加强农产品质量安全监管是从源头保障食品安全的重要措施，是发展现代农业的重要内容。通过创建农产品质量安全市创建，整体提升农产品质量安全监管能力，对于落实属地管理责任、促进农业产业健康发展、确保农产品消费安全具有十分重要的意义。①党中央、国务院和省委、省政府对农产品质量安全和食品安全越来越重视，必须不折不扣贯彻落实上级决策部署。②群众对农产品质量安全和食品安全的期待越来越高，必须坚持不懈保障好食品消费安全。③创建“农产品质量安全市”是推进供给侧结构性改革的重要举措。

2. 滨州创建省级农产品质量安全市总体思路？

牢固树立并切实贯彻“创新、协调、绿色、开放、共享”五大发展理念，把农产品质量安全作为转变农业发展方式、加快现代农业建设的关键环节，坚持改革创新和法治思维，坚持“产出来”和“管出来”两手抓、两手硬。真正落实政府属地管理责任、部门监管责任和生产经营者主体责任，构建从基地到餐桌的农产品质量安全全程监管体系。用最严谨的标准、最严格的监管、最严厉的处罚、最严肃的问责，实行农安、食安、公安“三安联动”，不断提升全市农产品质量安全水平，使滨州市真正成为全省乃至全国农产品质量最安全、最放心地区。

3. 创建省级农产品质量安全市目标？

（1）农产品质量安全水平明显提高。食用农产品抽检合格率达到98%以上；本地生产销售的农产品中禁用药物监测合格率达到100%。农产品质量全面实现可控、可管、可追溯，确保不发生重大农产品质量安全事件。

（2）农产品质量安全监管能力显著加强。市、县（区）两级农产品质量安全行政监管、综合执法、检验检测体系完善，乡镇（街道）监管机构和村级监管员队伍健全，农业投入品和农产品质量安全监管责任明晰、执法到位、运转高效。

（3）农产品质量安全制度机制健全完善。投入品监管、产地准出、市场准入、生产过程控制、检验监测、质量追溯、预警应急、社会监督等农产品质量安全监管制度健全，生产记录管理、绿色防控等食用农产品全程监管机制完善。

（4）农产品质量安全公众满意率不断提升。农产品质量安全公共服务水平显著增强，公众参与和社会共治水平不断提升，举报查处率、回复率均达到100%。公众对农产品质量安全满意率达到70%以上。

4. 创建省级农产品质量安全市建设重点？

（1）落实政府属地管理责任。

（2）农产品生产经营单位主体责任落实到位。

（3）健全农产品质量安全监管体系。

（4）开展农产品质量安全常态化监测。

（5）强化农业投入品监管。

（6）推行农业标准化生产。

（7）农产品质量安全制度机制基本完善。

5. 创建省级农产品质量安全市的进度安排？

按照“市县共创、突出重点、逐步覆盖”的原则，利用2年的时间，在全市范围内整体推进农产品质量安全市创建工作。

（1）动员部署阶段（2016年5月下旬）。制定滨州市创建农产品质量安全市实施方案和建设标准，组织召开动员大会。

（2）自查整改阶段（2016年5月下旬至6月下旬）。滨州市创建工作领导小组组织有关部门、单位对照省级考核评价标准，开展模拟测评，查漏补缺，抓好整改。

（3）逐步验收阶段（2016年6月下旬至2017年6月）对于符合标准的县（区），经市创建工作领导小组初审后，上报省级农产品质量安全监管部门进行评价和认定，认定为省级农产品质量安全县，并择优推荐其参加国家级农产品质量安全县评定。

（4）总结考评阶段（2017年6月至2017年年底）。80%以上县（区）符合农产品质量安全县要求时，向省级主管部门报送工作总结、自评报告，迎接上级考核评价，获得省级农产品安全市称号。

（注：根据《山东省农产品质量安全县管理办法》的要求，滨州市农产品质量安全市创建工作验收时间节点后延，截至2019年10月全面完成创建任务。在总结省级创建经验基础上，积极争创国家农产品质量安全市。）

6. 创建农产品质量安全市主体是谁？

创建农产品质量安全市基础在村、重点在镇、关键在县、统筹在市，创建活动是以县域为单元整体推进，各县区政府为创建主体，负总责。

7. 创建农产品质量安全市标准？

创建标准共涉及53项指标，其中18个关键项（*）。满分

100分，由工作考核、质量安全水平和群众满意度三大部分组成，分别占60分、20分、20分，市级初审，省级考评，得分在90分以上，并且所有关键项均达标，委托第三方机构向社会公开征询意见后，命名为“山东省农产品质量安全县”。80%以上县（区）符合农产品质量安全县要求时，向省级主管部门报送工作总结、自评报告，迎接上级考核评价，获得“山东省农产品安全市”称号。

8. 是否有省级农产品质量安全县管理办法？

按照省政府《山东省人民政府办公厅关于开展农产品质量安全县创建活动的意见》（鲁政办字［2015］48号）要求，省农业厅、省财政厅、省海洋与渔业厅、省畜牧兽医局研究制定了《山东省农产品质量安全县创建管理办法》（暂行），严格规范省级农产品质量安全县创建、申报、初审、评价、命名、监督管理等工作。

9. 省级农产品质量安全县管理及创建部门有哪些？

山东省农产品质量安全县创建工作协调小组（以下简称工作协调小组）负责省级质量安全县创建工作的规划部署、标准规范制定、评价、命名、监督管理等工作。市级农业、财政、海洋与渔业、畜牧兽医部门（以下简称市有关部门，农业行政主管部门牵头）联合组织开展工作，负责本市省级质量安全县的初审、日常监管等工作。以县为单位组织创建，农业、财政、海洋与渔业、畜牧兽医等单位在县级政府的领导下共同推动。

10. 创建内容主要包括哪些？

具有瓜菜果茶食用菌、畜牧、水产等优势产业的“菜篮子”产品主产县，围绕创建目标要求，开展自主创建活动。县人民政府是创建工作的责任主体，创建内容主要包括：①《山东省人民政府办公厅关于开展农产品质量安全县创建活动的意见》明确的重点任务；②县域内主要农产品的监测合格率达到98%以上，禁用药物和违法添加物质的监测合格率达到100%；③群众对县域内农产品质量安全监管工作、质量安全保障能力和水平等满意度达到70%以上。

11. 市级初审应提交哪些材料?

通过开展创建活动，经过自查自评，认为达到标准的创建县，向市有关部门提出初审申请，并提交以下材料。

（1）县人民政府申请初审文件。

（2）创建工作总结报告。

（3）自查自评报告。

（4）市有关部门要求的其他验证性材料。

12. 市级初审怎样实施?

初审依据《山东省农产品质量安全县创建标准》的规定，由市有关部门组织开展，主要包括工作评价、质量安全水平监测、群众满意度测评三个方面，可组织专家组或委托第三方机构具体实施。(一）工作评价采取材料审查和现场核查相结合的方式，实施综合测评。(二）质量安全水平监测范围包括县域内的主要农产品、影响质量安全的重要参数，监测要有一定的代表性和科学性。(三）群众满意度测评包括农产品质量安全专项整治情况、监管部门工作情况、质量安全信息发布和知识宣传普及情况、投诉举报情况、遇到问题的处置情况、质量安全状况等方面的内容。

13. 市级初审分值如何评价?

省级质量安全县初审总分值为100分，其中工作评价占

60%，质量安全水平占20%，群众满意度占20%，省级质量安全县要求总分值在90分（含）以上，且所有关键项均符合要求。

14. 省级评价、命名需要提交材料内容？

经市有关部门初审合格的创建县，由市有关部门向省工作协调小组提出评价、命名申请，并报送以下材料。

（1）市有关部门申请文件。

（2）市有关部门初审报告。

（3）创建县申请初审材料备份。

（4）省工作协调小组要求提交的其他资料。

15. 省级评价、命名程序是什么？

评价工作由省工作协调小组组织开展，委托专家组或第三方机构抽查。评价合格的，由省工作协调小组成员单位联合命名为“山东省农产品质量安全县”。

16. 如何监督管理省级农产品质量安全县？

省级质量安全县监督管理由省工作协调小组和市有关部门共同实施，实行“定期考核、动态管理”。市有关部门每年开展一次监督检查，省工作协调小组不定期地组织开展交叉检查和督查。定期考核由市有关部门依据《山东省农产品质量安全县创建标准》组织开展，采取书面考核与现场核查相结合的方式进行，每2年开展一次，考核结果要及时报送省工作协调小组。

17. 省级质量安全县有哪些情形的需要责令整改？

省级质量安全县有下列情形之一的，由市有关部门下发整改通知书，责令限期整改，同时报送省工作协调小组。

（1）发生Ⅲ级、Ⅳ级农产品质量安全事件的；

（2）群众举报或媒体曝光经核实后确有问题的；

（3）定期考核总分值在80~90分或关键项不符合要求的；

（4）工作巡查、检查、督查、监测中发现问题的；

（5）有其他违法违规行为的。

18. 责令整改期限多长？整改情况如何核查及报告？

整改期限为3个月，县级人民政府组织整改，整改到位后向市有关部门提交整改情况报告及相关证明材料。市有关部门对整改情况组织开展核查，核查通过后要及时将有关材料报送省工作协调小组。

19. 省级质量安全县出现哪些情形将被撤销“山东省农产品质量安全县”称号？

省级质量安全县有下列情形之一的，省工作协调小组撤销其“山东省农产品质量安全县”称号。撤销县3年内不得再次申请。

（1）发生Ⅰ级、Ⅱ级农产品质量安全事件的；

（2）群众举报或媒体曝光问题突出，经核实后确实存在严重质量安全隐患或造成严重影响的；

（3）定期考核总分值未达到80分的；

（4）限期整改后质量安全水平仍未达到98%的；

（5）限期整改后群众满意度仍未达到70%的；

（6）整改后关键项仍不符合要求或总分值仍未达到90分的；

（7）有其他严重违法违规行为的。

20. 群众可以参与监督省级质量安全县创建工作吗？

鼓励群众全程参与监督省级质量安全县创建工作，省工作协调小组和市有关部门应及时收集、处置群众意见建议和举报。

21. “山东省农产品质量安全市”如何命名？

《山东省农产品质量安全县创建管理办法》规定，鼓励各市整合资源，创新举措，分层次、多形式地推进农产品质量安全县创建工作。设区的市80%以上的县被命名为“国家农产品质量安全县”或“山东省农产品质量安全县”的，可由市人民政府向省工作协调小组提出省级农产品质量安全市评价申请。省工作协调小组参照本办法有关规定组织开展评价工作，评价通过后命名为“山东省农产品质量安全市”。

22. 在什么情形下撤销“山东省农产品质量安全市”称号？

省级农产品质量安全市内2个以上（含2个）县被撤销“国家农产品质量安全县”或“山东省农产品质量安全县”称号的，省工作协调小组撤销其“山东省农产品质量安全市”称号。

23. 省级农产品质量安全市、县可以获得优惠政策吗？

获得“山东省农产品质量安全县”称号县（市、区），省级财政将优先安排下一年度与农产品质量安全提升相关的项目资金，并优先推荐申报国家农产品质量安全县项目创建。设区的市80%以上的县（县级市、区）被命名为“国家农产品质量安全县”或“山东省农产品质量安全县”的，将被积极推荐创建国家级农产品质量安全市。

第四篇　农药经营及管理

1. 农药经营证照有哪些？

农药经营者必须同时取得工商营业执照和农药经营许可证。

2. 为什么要办农药经营许可证？

根据《农药管理条例》《农药经营许可管理办法》《山东省农药经营许可审查细则（试行）》，国家实行农药经营许可制度。

3. 谁受理农药经营许可申请？

限制使用农药经营许可由山东省农业厅核发，限制使用农药实行定点经营、实名制购买。限制使用以外的其他农药经营许可一般由县级农业主管部门核发。

4. 农药经营许可证有效期是多长时间？

农药经营许可证有效期为5年。有效期届满，需要继续经营农药的，农药经营者应当在有效期届满90日前向发证机关申请延续。

5. 农药经营人员需要什么条件？

农药经营人员要具有农药、植保、农学相关专业中专以上学历，或有56学时专业机构培训经历并有相关合法证明。

6. 农药经营场所是怎么要求的?

农药经营要有固定场所：不少于30平方米的营业场所和不少于50平方米的仓储场所（建筑面积）；要配备通风、消防、预防中毒等设施。

7. 农药经营需要哪些设备?

农药经营要有扫描农药产品信息码的设备——扫码器，要有记录农药经营台账的电脑设备及系统。经营限制使用农药的还要有身份证扫描仪和销售专柜。

8. 农药经营需要建立哪些制度?

农药经营要有制度来保证规范经营：人员管理制度、查验制度、进销货台账记录制度、仓储管理制度、安全防护管理制度、应急处置制度、农药经营告知管理制度、限制使用农药定点经营管理制度、实名制购买制度、持证上岗制度等规范操作规程。

9. 什么是假农药?

假农药是指：①以非农药冒充农药；②以此种农药冒充他种农药；③农药所含有效成分种类与农药的标签、说明书标注的有效成分不符；④国家禁用的农药；⑤未依法取得农药登记证而生产、进口的农药；⑥未附具标签的农药。

10. 什么是劣质农药?

劣质农药是指：①不符合农药产品质量标准（国标、行标、企标）；②混有导致药害等有害成分；③超过农药质量保证期的农药。

11. 农业农村部公布32种限制使用农药品种与定点经营农药品种是哪些?

甲拌磷、甲基异柳磷、克百威、磷化铝、硫丹、氯化苦、灭多威、灭线磷、水胺硫磷、涕灭威、溴甲烷、氧乐果、百草枯、2,4-滴丁酯、C型肉毒梭菌毒素、D型肉毒梭菌毒素、氟鼠灵、敌鼠钠盐、杀鼠灵、杀鼠醚、溴敌隆、溴鼠灵、丁硫克百威、丁酰肼、毒死蜱、氟苯虫酰胺、氟虫腈、乐果、氰戊菊酯、三氯杀螨醇、三唑磷、乙酰甲胺磷。前22种实行定点经营。

12. 国家禁止使用的农药有哪些?

国家明令禁止使用的农药至2018年8月共39种：六六六、滴滴涕（DDT）、毒杀芬、二溴氯丙烷、杀虫脒、二溴乙烷（EDB）、除草醚、艾氏剂、狄氏剂、汞制剂、砷类、铅类、敌枯双、氟乙酰胺、甘氟、毒鼠强、氟乙酸钠、毒鼠硅、甲胺磷、甲基对硫磷、对硫磷、久效磷、磷胺、苯线磷、地虫硫磷、甲基硫环磷、磷化钙、磷化镁、磷化锌、硫线磷、蝇毒磷、治螟磷、特丁硫磷、氯磺隆、胺苯磺隆、甲磺隆、氯磺隆、福美胂和福美甲胂。

13. 农药毒性怎样分类?

农药毒性分为剧毒、高毒、中等毒、低毒、微毒五个级别。

14. 农药经营隔离制度是怎样规定的?

农药经营场所不能同时经营日用百货、食品和饲料等，不能在经营场所做饭吃饭，并和自来水、饮用水源等保持一定距离。

15. 农药经营者要履行哪些主体责任?

农药经营者要履行三个主体责任：一是对经营的农药安全性

和有效性负责，自觉接受政府和社会监督；二是对销售的问题农药要召回，并做好召回记录；三是包装废弃物回收，建立农药包装废弃物暂存场所，回收卖出农药的包装废弃物。

16. 购买农药要查验哪些内容?

农药经营者采购农药应当查验产品包装、标签、产品质量检验合格证以及有关许可证明文件，不得向未取得农药生产许可证的农药生产企业或者未取得农药经营许可证的其他农药经营者采购农药。

17. 经营农药要建立采购台账吗?

农药经营者应当建立采购台账，如实记录农药的名称、有关许可证明文件编号（三证号：登记证号、生产许可证号、产品标准证号）、规格、数量、生产企业和供货人名称及其联系方式、进货日期等内容。采购台账应当保存 2 年以上。

18. 销售农药要建立销售台账吗?

农药经营者应当建立销售台账，如实记录销售农药的名称、规格、数量、生产企业、购买人（经营限制使用农药的还需要记录购买人的身份证号和购买用途，实名制购买）、销售日期等内容。销售台账应当保存 2 年以上。

19. 销售农药时要进行技术指导和科学推荐吗?

经营者销售农药时，要询问病虫害情况（必要时实地查看）并科学推荐农药，正确说明农药的使用范围、方法和剂量、技术要求等，不得误导购买者。经营限制使用农药的，还应当配备相应的用药指导和病虫害防治专业技术人员。

20. 农药经营者能加工分装农药吗？

农药经营者不得加工、分装农药，不得在农药中添加任何物质。

21. 限制使用农药允许在网络上销售吗？

农药经营者不得在网络上销售限制使用农药。

22. 卫生用农药与其他商品可以一块放置销售吗？

经营卫生用农药的，要将卫生用农药与其他商品分柜销售。

23. 农药经营许可证可以转让、出租、出借吗？

农药经营者不得伪造、变造、转让、出租、出借农药经营许可证。

24. 农药经营场所、仓储场所地址变更需要重新申请办理经营许可证吗？

农药经营场所和仓储场所，任何场所地址发生变更，都要按照农药经营许可管理办法重新申请办理农药经营许可证。

25. 网络经营农药有哪些相关规定？

农药经营者在网上销售农药，必须遵守以下规定。

（1）必须取得农药经营许可证，有实体店。

（2）不得销售限制使用农药。

（3）网上销售农药，要把许可证以及经营者的联系方式放置在网页的醒目位置。

（4）网上销售农药，要把农药产品标签的正面放置在网页的醒目位置。

26. 农药经营者需要上报经营数据吗?

农药经营者应当在每季度结束之日起十五日内，将上季度农药经营数据上传至农业农村部规定的农药管理信息平台或者通过其他形式报发证机关备案。

27. 对 2017 年 6 月 1 日前已经从事农药经营活动的经营者，是怎样规定的?

2017 年 6 月 1 日前已从事农药经营活动的，应当自《农药经营许可管理办法》施行之日（2017 年 8 月 1 日）起，一年内达到本办法规定的条件，并依法申领农药经营许可证。

28. 新修订《农药管理条例》后，农药标签发生了哪些变化?

农药标签发生了五大变化：

（1）农药标签可追溯：农药标签必须加印可追溯电子信息码，以条形码、二维码等形式标注，能够扫描识别农药名称、农药登记证持有人名称等信息。可追溯电子信息码格式及生成方式，将由农业农村部统一编制，各企业印制，做到一瓶农药一个码。

（2）“限制使用”要醒目：将原来的剧毒、高毒农药和高风险农药产品，统一改为限制使用农药，必须标注“限制使用”字样，以红色标注在农药标签正面右上角或者左上角，并与背景颜色形成强烈反差，其单字面积不得小于农药名称的单字面积。

（3）安全标识要清晰：标签标注的农药名称、有效成分名称及其含量和毒性标识应当清晰醒目。贮存和运输方法应当标明“置于儿童接触不到的地方”“不能与食品、饮料、粮食、饲料等混合贮存”等警示内容。剧毒、高毒农药应当标明中毒急救咨询电话。

（4）毒性分类精细化：农药毒性分为剧毒、高毒、中等毒、低毒、微毒五个级别。

（5）禁止直接使用原药：除登记批准允许直接使用的，原药（母药）产品一般不得直接使用。原药（母药）产品应当注明“本品是农药制剂加工的原材料，不得用于农作物或者其他场所”。

29. 哪些特殊区域内禁设限制使用农药定点经营？

在蔬菜、瓜果、茶叶、菌类、中草药材等特色农产品生产区域和饮用水水源地保护区、风景名胜区、自然保护区、野生动物集中栖息地以及当地人民政府确定的其他重要区域内，禁止设立限制使用农药定点经营机构。

30. 经营农药的警示标志及仓储安全注意事项有哪些？

货架、柜台醒目位置要有标有“农药有毒”“严禁烟火”“禁止饮食”等类似警示语；仓储场所产品摆放要符合“安全第一”原则，按照农药类别分开存放，码放高度适宜；经营限制性使用农药的，要有销售专区或专柜，单独隔离、不容易接触的存放场所，要有醒目的警示标识及配套的安全保障设施、设备。

31. 限制使用农药实行实名购买制度，经营者要记录购买者哪些信息？

根据《山东省农药经营许可审查细则（试行）》，限制使用农药的经营者，对销售的限制使用农药要实行实名制销售和购买，经营者要记录购买人的姓名及联系方式、销售数量、销售日期等信息。

32. 什么是农药经营告知管理制度？

根据《山东省农药经营告知管理办法》的规定，山东省实行农药、兽药经营告知制度。农药、兽药经营者应当将经营农药、兽药的名称、生产厂家、生产许可文号、登记证号等信息，告知销售区域内设区的市或者县（市、区）人民政府农业、畜牧兽医主管部门；农业、畜牧兽医主管部门应当将相关信息向社会公示。农药、兽药经营者不得经营没有生产许可文号、登记证号以及其他不符合规定要求的农药、兽药。

33. 农药经营告知管理制度的具体监管者是谁？

根据《山东省农药经营告知管理办法》，各市农业行政主管部门负责本市农药经营告知的监督管理工作；没有农业行政主管部门或者没有农药监督管理人员的区的农药经营告知工作，由各市农业行政主管部门采取切实可行措施抓好落实。县（市、区）农业行政主管部门负责辖区内农药经营告知的具体工作。

34. 农药经营者办理农药经营告知需要提供哪些资料？

根据《山东省农药经营告知管理办法》，农药经营者应当向设区的市或者县（市、区）农业行政主管部门提供《农药经营告知书》（见《山东省农药经营告知管理办法》附表1）、农药标签、农药购货协议或者购货凭证。

35. 农药经营告知监管者具体核查告知内容有哪些？

根据《山东省农药经营告知管理办法》中第四条的规定，设区的市、县（市、区）农业行政主管部门所属的农药监督管理机构应在15个工作日内，对告知资料的以下信息予以核对：

（一）经营单位企业法人营业执照（或者营业执照）和基本信息；（二）经营农药产品的农药登记证号、农药生产许可证号或者农药生产批准证书号、农药产品标准号；（三）经营农药产品的毒性级别、登记作物、防治对象等。农业行政主管部门对符合规定的农药产品，发给《农药告知名录通知书》（见《山东省农药经营告知管理办法》附表2），并通过网站等媒体向社会公示告知结果。对不符合规定要求的农药产品，农业行政主管部门应当向经营者说明理由并要求其不得经营。

36. 农药经营者不执行农药经营告知管理制度要受到什么处罚?

根据《山东省农药经营告知管理办法》，农药经营者违反规定，未执行经营告知制度的，由设区的市或者县（市、区）农业行政主管部门责令其限期改正；逾期不改正的，依据《山东省农产品质量安全监督管理规定》第二十五条之规定进行处罚。

37. 国家对低毒、低残留农药的优惠政策有哪些?

根据《山东省农产品质量安全监督管理规定》，国家实行低毒、低残留农药、兽药补贴制度。设区的市、县（市、区）人民政府应当组织财政、农业、林业、畜牧兽医等部门，选定实施补贴的低毒、低残留农药和低残留兽药品种，并制定具体补贴办法和补贴标准。

前款规定的低毒、低残留农药和低残留兽药品种，其生产企业和销售价格由当地人民政府通过招标确定并向社会公布。

38. 限制使用以外农药经营者和限制使用农药经营者具备的严格条件有哪些?

根据《山东省农药经营许可审查细则（试行）》的规定，

首次申请农药经营许可证，应当向其所申请的农业主管部门提交以下纸质材料 2 套，并按顺序装订成册，同时提供电子文档。（一）农药经营许可证申请表（附件 1）；（二）营业执照、法定代表人（负责人）身份证复印件；（三）经营人员的学历或培训证明等基本情况；（四）营业场所和仓储场所所有权或租赁证明材料；（五）营业场所和仓储场所地址、面积、平面图等说明材料及相关照片；（六）计算机及农药管理系统、可追溯电子信息码扫描设备、安全防护、仓储设施等清单及照片；（七）有关管理制度目录及文本；（八）申请材料真实性、合法性声明。设立分支机构的，应当同时提交各分支机构营业执照复印件及第（四）（五）（六）（七）（八）项纸质资料，并单独装订成册，同时提供电子文档。

申请限制使用农药经营许可证，还应提供以下材料：

（一）山东省限制使用农药经营定点推荐意见表（附件 2）；（二）经营者具有两年以上从事农学、植保、农药相关工作的经历证明；（三）明显标识限制使用农药的销售专柜、限制使用农药的安全防护设施、设备等清单及照片，有关限制使用农药管理制度目录及文本。

以上申报材料所需要的复印件，申请人还应该提交原件，接受材料的工作人员进行核对后返还其原件。

39. 剧毒、高毒农药经营销售区域是否受限制？

根据《山东省剧毒高毒农药限制区域销售使用管理办法》第四条的规定，山东省实行剧毒、高毒农药限制区域销售、使用制度。在蔬菜、瓜果、茶叶、中草药材等特色农产品生产区域和饮用水源地保护区、风景名胜区、自然保护区、野生动物集中栖息地以及当地人民政府确定的其他重要区域内，禁止销售、使用剧毒、高毒农药。

40. 设区的市、县（市、区）能否整建制禁止销售、使用剧毒、高毒农药？

根据《山东省剧毒高毒农药限制区域销售使用管理办法》中第三条的规定，设区的市、县（市、区）可以整建制禁止销售、使用剧毒、高毒农药。

（一）设区的市整建制禁止销售、使用剧毒、高毒农药的，设区的市农业行政主管部门应认真调查研究，向社会发布公告，充分听取社会公众意见，经本级人民政府批准后，在全部行政区域内禁止销售、使用剧毒、高毒农药。

（二）县（市、区）整建制禁止销售、使用剧毒、高毒农药的，应当由县（市、区）农业行政主管部门向设区的市农业行政主管部门申请。设区的市农业行政主管部门应认真调查研究，结合全市农作物布局和农药使用情况，向社会发布公告，广泛征求意见后，以书面形式答复县（市、区）农业行政主管部门。同意申请的，由县（市、区）农业行政主管部门报请本级人民政府批准后，在全部行政区域内禁止销售、使用剧毒、高毒农药。

第五篇　农业投入品监管

1. 购买农药时应当注意什么？

（1）不图便宜和省事。买农药应到有农药经营许可证的经营单位或直接到正规生产企业购买，并索要发票。

（2）注意标签内容。每一个农药包装应当至少标注农药名称、有效成分含量、剂型、农药登记证号、净含量、生产日期、质量保证期等内容，同时附具说明书。说明书应当标注规定的全部内容。登记的使用范围较多，在标签中无法全部标注的，可以根据需要，在标签中标注部分使用范围，但应当附具说明书并标注全部使用范围。

（3）认准农药名称。农药名称应当与农药登记证的农药名称一致。无论是国产农药还是进口农药，必须有有效成分的中文通用名称及含量和剂型。

（4）仔细观察外观。如乳油应为均相液体，无可见的悬浮物和沉淀；可湿性粉剂应为疏松的粉末，无团块；悬浮剂应为可流动的悬浮液，不结块等。

2. 购买肥料时应当注意什么？

（1）看肥料名称及商标。应标明国家标准、行业标准规定的肥料名称，如掺混肥料、含腐植酸水溶肥料等，标准对产品名称没有规定的，应使用不会引起用户误解和混淆的常用名称，不允许添加带有不实、夸大性的词语，如“高效 XXX”“XXX 肥”。

（2）看养分含量。应以单一数值标明养分含量。对单一肥料，应标明单一养分的百分含量，防止跨等级标明，如尿素总氮指标是46.0%，一等品为46.2%，有些产品标注总氮为46.0%~46.4%，跨越了三个质量等级，这种标注方法实为误导用户的手段。对复混肥料，应标明N、P_2O_5、K_2O总养分的百分含量，并以配合式分别标明N、P_2O_5、K_2O的百分含量，如含N、P_2O_5、K_2O分别为15%的氮磷钾复混肥料，其配合式为氮磷钾15-15-15。二元肥料应在不含单养分的位置标以“0”，如氮钾复混肥料15-0-10。总养分标明值应不低于配合式中单养分标明值之和，不得将其他元素或化合物计入总养分。对于中量元素肥料，如钙、镁、硫肥等，中量元素含量指钙含量或镁含量或钙镁含量之和，硫含量不计入中量元素含量，仅在标识中标注。对于微量元素肥料，应分别标出各种微量元素的单含量及微量元素养分含量之和。

（3）看肥料登记证编号。对国家实施肥料登记证管理的产品，应标明生产肥料登记许可证的编号。肥料登记分国家登记和省登记。如农肥（2013）准字2781号、鲁农肥（2012）准字3010号。

（4）看生产商或经销商的名称、地址。应标明经依法登记注册并能承担产品质量责任的生产商或经销商名称、地址。将来一旦出现纠纷，可以联系厂家协商解决。

（5）看生产日期或批号。应在产品合格证、质量证明书或产品外包装上标明肥料产品的生产日期或批号。如果产品需限期使用，则应标注保质期或失效日期，特别是微生物肥料。如果产品的保质期与贮藏条件有关，则必须标明产品的贮藏方法。

（6）看肥料标准。应标明肥料产品执行的标准标号。国家制定了各种肥料标准，如GB 15063—2009复混肥料（复合肥料）、NY 525—2012有机肥料。

（7）看警示说明。产品运输、贮存、使用过程中不当行为，易造成财产损坏或危害人体健康和安全的，应有警示说明。

（8）看产品适用作物、适用区域，使用方法和注意事项。根据规范化的标识内容和要求便可对肥料产品进行初步判定。如果肥料包装标识与规范化标识不符，可以判定该肥料包装不符合国家标准要求，且大多为伪劣肥料。

3. 购买种子时应当注意哪些方面？

（1）注意看证照。要选择正规经营单位，即具有《农作物种子经营许可证》的经营单位或其分支机构，具有《农作物种子经营许可证》单位书面委托的代销商和分支机构，以及具有经营不再分装的小包装种子资格的商店。不要到没有证照的商店购买种子。

（2）注意识别包装。上市销售的种子必须附有标签并标明作物种类、品种名称、生产经营许可证编号、审定编号、植物检疫证号、质量指标、产地、生产商名称、二维码、地址及联系方式等内容，属于转基因品种的要有转基因标识。不要购买标识不全或无标识的种子。

（3）注意索取发票。购种时一定要索要发票，以便在出现质量纠纷时作为索赔依据。

（4）注意购买合法的种子。即经省、市（区）级以上农业行政主管部门审定的品种，并有品种审定编号。不要购买未经审定通过的品种。

（5）注意避免盲目求新。任何新品种都有一定的适宜区域，农民应该参照其特征特性选择适合本地种植的品种，避免选错品种和越区种植。

（6）注意检测种子发芽率。购种后要及时做发芽试验，发现有质量问题及时与商家沟通退换。

4. 哪些情形不需要办理种子生产经营许可证?

(1) 农民个人自繁自用常规种子有剩余，在当地集贸市场上出售、串换的;

(2) 在种子生产经营许可证载明的有效区域设立分支机构的;

(3) 专门经营不再分装的包装种子的;

(4) 受具有种子生产经营许可证的企业书面委托生产、代销其种子的。

5. 种子标签需要标明哪些内容?

(1) 作物种类、种子类别、品种名称。

(2) 种子生产经营者信息，包括种子生产经营者名称、种子生产经营许可证编号、注册地地址和联系方式。

(3) 质量指标、净含量。

(4) 检测日期和质量保证期。

(5) 品种适宜种植区域、种植季节。

(6) 检疫证明编号。

(7) 信息代码。

6. 种子标签和使用说明不得标注哪些内容?

(1) 在品种名称前后添加修饰性文字。

(2) 种子生产经营者、进口商名称以外的其他单位名称。

(3) 不符合广告法、商标法等法律法规规定的描述。

(4) 未经认证合格使用认证标识。

(5) 其他带有夸大宣传、引人误解或者虚假的文字、图案等信息。

7. 种子使用者使用种子出现问题怎么处理?

种子使用者因种子质量问题或者因种子的标签和使用说明标注的内容不真实，遭受损失的，种子使用者可以向出售种子的经营者要求赔偿，也可以向种子生产者或者其他经营者要求赔偿。赔偿额包括购种价款、可得利益损失和其他损失。属于种子生产者或者其他经营者责任的，出售种子的经营者赔偿后，有权向种子生产者或者其他经营者追偿；属于出售种子的经营者责任的，种子生产者或者其他经营者赔偿后，有权向出售种子的经营者追偿。

8. 种子标签上的信息代码有什么规定?

种子标签上的信息代码以二维码标注，应当包括品种名称、生产经营者名称或进口商名称、单元识别代码、追溯网址等信息。

9.《中华人民共和国种子法》规定哪些种子为假种子?

（1）以非种子冒充种子或者以此种品种种子冒充其他品种种子的；

（2）种子种类、品种与标签标注的内容不符或者没有标签的。

10.《中华人民共和国种子法》规定哪些种子为劣种子?

（1）质量低于国家规定标准的；

（2）质量低于标签标注指标的；

（3）带有国家规定的检疫性有害生物的。

11. 农业、林业主管部门依法履行种子监督检查职责时，有权采取哪些措施？

（1）进入生产经营场所进行现场检查。

（2）对种子进行取样测试、试验或者检验。

（3）查阅、复制有关合同、票据、账簿、生产经营档案及其他有关资料。

（4）查封、扣押有证据证明违法生产经营的种子，以及用于违法生产经营的工具、设备及运输工具等。

（5）查封违法从事种子生产经营活动的场所。

农业、林业主管部门依照本法规定行使职权，当事人应当协助、配合，不得拒绝、阻挠。

12. 生产经营假种子的应受到什么处罚？

由县级以上人民政府农业、林业主管部门责令停止生产经营，没收违法所得和种子，吊销种子生产经营许可证；违法生产经营的货值金额不足一万元的，并处一万元以上十万元以下罚款；货值金额一万元以上的，并处货值金额十倍以上二十倍以下罚款。

因生产经营假种子犯罪被判处有期徒刑以上刑罚的，种子企业或者其他单位的法定代表人、直接负责的主管人员自刑罚执行完毕之日起五年内不得担任种子企业的法定代表人、高级管理人员。

13. 生产经营劣种子的应受到什么处罚？

由县级以上人民政府农业、林业主管部门责令停止生产经营，没收违法所得和种子；违法生产经营的货值金额不足一万元的，并处五千元以上五万元以下罚款；货值金额一万元以上的，并处货值金额五倍以上十倍以下罚款；情节严重的，吊销种子生产经营许可证。

因生产经营劣种子犯罪被判处有期徒刑以上刑罚的，种子企业或者其他单位的法定代表人、直接负责的主管人员自刑罚执行完毕之日起五年内不得担任种子企业的法定代表人、高级管理人员。

14. 对应当审定未经审定的农作物品种可以进行推广、销售吗?

不可以。国家对主要农作物和主要林木实行品种审定制度。主要农作物品种和主要林木品种在推广前应当通过国家级或者省级审定。由省、自治区、直辖市人民政府林业主管部门确定的主要林木品种实行省级审定。如有违反，由县级以上人民政府农业、林业主管部门责令停止违法行为，没收违法所得和种子，并处二万元以上二十万元以下罚款。

15. 推广、销售已经停止推广、销售的农作物品种或者林木良种的怎么处罚?

由县级以上人民政府农业、林业主管部门责令停止违法行为，没收违法所得和种子，并处二万元以上二十万元以下罚款。

16. 哪些种子不允许推广、销售?

（1）应当审定未经审定的农作物品种。

（2）作为良种推广、销售应当审定未经审定的林木品种。

（3）应当停止推广、销售的农作物品种或者林木良种。

（4）不允许对应当登记未经登记的农作物品种进行推广，或者以登记品种的名义进行销售。

（5）不允许对已撤销登记的农作物品种进行推广，或者以登记品种的名义进行销售。

17. 种子生产经营者需要建立生产经营档案吗?

种子生产经营者应当建立和保存包括种子来源、产地、数量、质量、销售去向、销售日期和有关责任人员等内容的生产经营档案，保证可追溯。种子生产经营档案的具体载明事项，种子生产经营档案及种子样品的保存期限由国务院农业、林业主管部门规定。未按规定建立、保存种子生产经营档案的，由县级以上人民政府农业、林业主管部门责令改正，处二千元以上二万元以下罚款。

18. 对销售的种子包装有什么规定?

销售的种子应当加工、分级、包装。但是不能加工、包装的除外。大包装或者进口种子可以分装；实行分装的，应当标注分装单位，并对种子质量负责。销售的种子应当包装而没有包装的，由县级以上人民政府农业、林业主管部门责令改正，处二千元以上二万元以下罚款。

19. 对种子经营者违反《农作物种子标签和使用说明管理办法》有什么规定?

销售的种子应当符合国家或者行业标准，附有标签和使用说明。标签和使用说明标注的内容应当与销售的种子相符。种子生产经营者对标注内容的真实性和种子质量负责。对销售的种子没有使用说明或者标签内容不符合规定的、涂改标签的，由县级以上人民政府农业、林业主管部门责令改正，处二千元以上二万元以下罚款。

20. 种子标签和使用说明不得有哪些内容?

法律、行政法规没有特别规定的，种子标签和使用说明不得有下列内容：

（1）在品种名称前后添加修饰性文字。

（2）种子生产经营者、进口商名称以外的其他单位名称。

（3）不符合广告法、商标法等法律法规规定的描述。

（4）未经认证合格使用认证标识。

（5）其他带有夸大宣传、引人误解或者虚假的文字、图案等信息。

21. 种子生产经营许可证应当载明哪些内容？

种子生产经营许可证应当载明生产经营者名称、地址、法定代表人、生产种子的品种、地点和种子经营的范围、有效期限、有效区域等事项。

22. 哪些肥料免予登记？

对经农田长期使用，有国家或行业标准的下列产品免予登记：硫酸铵、尿素、硝酸铵、氰氨化钙、磷酸铵（磷酸一铵、二铵）、硝酸磷肥、过磷酸钙、氯化钾、硫酸钾、硝酸钾、氯化铵、碳酸氢铵、钙镁磷肥、磷酸二氢钾、单一微量元素肥、高浓度复合肥。

23. 肥料产品包装有什么要求？

肥料产品包装应有标签、说明书和产品质量检验合格证。标签和使用说明书应当使用中文，并符合下列要求。

（1）标明产品名称、生产企业名称和地址。

（2）标明肥料登记证号、产品标准号、有效成分名称和含量、净重、生产日期及质量保证期。

（3）标明产品适用作物、适用区域、使用方法和注意事项。

（4）产品名称和推荐适用作物、区域应与登记批准的一致。

禁止擅自修改经过登记批准的标签内容。

24. 在什么情况下使用授权品种的，可以不经植物新品种权所有人许可，不向其支付使用费？

（1）利用授权品种进行育种及其他科研活动。

（2）农民自繁自用授权品种的繁殖材料。

25. 授予植物新品种权的植物新品种名称有什么要求？

应当与相同或者相近的植物属或者种中已知品种的名称相区别。该名称经授权后即为该植物新品种的通用名称。

下列名称不得用于授权品种的命名：

（1）仅以数字表示的；

（2）违反社会公德的；

（3）对植物新品种的特征、特性或者育种者身份等容易引起误解的。

同一植物品种在申请新品种保护、品种审定、品种登记、推广、销售时只能使用同一个名称。生产推广、销售的种子应当与申请植物新品种保护、品种审定、品种登记时提供的样品相符。

26. 县级以上人民政府农业主管部门履行农药监督管理职责，可以依法采取哪些措施？

（1）进入农药生产、经营、使用场所实施现场检查。

（2）对生产、经营、使用的农药实施抽查检测。

（3）向有关人员调查了解有关情况。

（4）查阅、复制合同、票据、账簿以及其他有关资料。

（5）查封、扣押违法生产、经营、使用的农药，以及用于违法生产、经营、使用农药的工具、设备、原材料等。

（6）查封违法生产、经营、使用农药的场所。

27. 农药标签中不得含有哪些虚假、误导使用者的内容？

（1）误导使用者扩大使用范围、加大用药剂量或者改变使用方法的；

（2）卫生用农药标注适用于儿童、孕妇、过敏者等特殊人群的文字、符号、图形等；

（3）夸大产品性能及效果、虚假宣传、贬低其他产品或者与其他产品相比较，容易给使用者造成误解或者混淆的；

（4）利用任何单位或者个人的名义、形象作证明或者推荐的；

（5）含有保证高产、增产、铲除、根除等断言或者保证，含有速效等绝对化语言和表示的；

（6）含有保险公司保险、无效退款等承诺性语言的；

（7）其他虚假、误导使用者的内容。

28. 农药使用者在使用农药时应当遵守哪些规定？

（1）农药使用者应当遵守国家有关农药安全、合理使用制度，妥善保管农药，并在配药、用药过程中采取必要的防护措施，避免发生农药使用事故。限制使用农药的经营者应当为农药使用者提供用药指导，并逐步提供统一用药服务。

（2）农药使用者应当严格按照农药的标签标注的使用范围、使用方法和剂量、使用技术要求和注意事项使用农药，不得扩大使用范围、加大用药剂量或者改变使用方法。

（3）农药使用者不得使用禁用的农药。

（4）标签标注安全间隔期的农药，在农产品收获前应当按照安全间隔期的要求停止使用。

（5）剧毒、高毒农药不得用于防治卫生害虫，不得用于蔬菜、瓜果、茶叶、菌类、中草药材的生产，不得用于水生植物的病虫害防治。

（6）农药使用者应当保护环境，保护有益生物和珍稀物种，不得在饮用水水源保护区、河道内丢弃农药、农药包装物或者清洗施药器械。严禁在饮用水水源保护区内使用农药，严禁使用农药毒鱼、虾、鸟、兽等。

29. 农药使用者容易受到哪些处罚？

农药使用者有下列行为之一的，由县级人民政府农业主管部门责令改正，农药使用者为农产品生产企业、食品和食用农产品仓储企业、专业化病虫害防治服务组织和从事农产品生产的农民专业合作社等单位的，处五万元以上十万元以下罚款，农药使用者为个人的，处一万元以下罚款；构成犯罪的，依法追究刑事责任。

（1）不按照农药的标签标注的使用范围、使用方法和剂量、使用技术要求和注意事项、安全间隔期使用农药。

（2）使用禁用的农药。

（3）将剧毒、高毒农药用于防治卫生害虫，用于蔬菜、瓜果、茶叶、菌类、中草药材生产或者用于水生植物的病虫害防治。

（4）在饮用水水源保护区内使用农药。

（5）使用农药毒鱼、虾、鸟、兽等。

（6）在饮用水水源保护区、河道内丢弃农药、农药包装物或者清洗施药器械。

有前款第二项规定的行为的，县级人民政府农业主管部门还应当没收禁用的农药。

30. 什么是农药标签可追溯电子信息码？

农药标签可追溯电子信息码应当以二维码等形式标注，二维码内容由追溯网址、单元识别代码等组成。通过扫描应当能够识别显示农药名称、农药登记证持有人名称等信息。信息码不得含有违反本办法规定的文字、符号、图形。

31. 哪些情形下发证机关可以依法注销农药经营许可证？

（1）农药经营者申请注销的；
（2）主体资格依法终止的；
（3）农药经营许可有效期届满未申请延续的；
（4）农药经营许可依法被撤回、撤销、吊销的；
（5）依法应当注销的其他情形。

32. 新《农药管理条例》对农药经营企业建立了哪四项制度？

（1）建立了农药经营许可制度。
（2）建立了农药生产经营诚信档案制度。
（3）建立了农药召回制度。
（4）建立了假劣农药和农药废弃物处置制度。

33. 常见的农药标签和说明书违法行为有哪些？

（1）标签扩大适用作物或防治对象。如有些企业的农药产品，本来只登记了一两种适用作物或是一两个防治对象，却在标签上标注了多种作物和防治对象。如登记防治对象为稻飞虱，标注可适用于防治蓟马。登记对象是甜菜夜蛾、小菜蛾，却标示12种害虫的图片。

（2）标签标有除生产商之外其他公司名称。有些企业喜欢傍名牌，喜欢把科研机构、国外单位等搬上标签。如标称某某知名公司总经销、总代理等。让农民以为是进口农药，这类产品大多数是假洋鬼子。有一些农药经营者，打着“总经销、总代理”的旗号，衍生生产假冒农药产品。

（3）无农药登记证农药。

（4）假冒农药登记证农药。

（5）未使用产品通用名称。如某草甘膦产品，突出“斩草除根”商品名。有的还宣称他们的产品可“壮苗、治病、增产、青秀”等。让农民以为产品是“灵丹妙药”，能见虫杀虫、见病治病。

（6）添加农药广告。农药标签不能标注任何带有宣传、广告色彩的文字、符号、图案，不能标注企业获奖和荣誉称号。但有些企业还是标准“全国独家登记”“中国独家生产”“国际领先技术”等内容。

（7）无农药标签二维码或扫描二维码显示内容不全。

34. 销售的种子标签可以涂改吗？

不可以。销售的种子应当符合国家或者行业标准，附有标签和使用说明。标签和使用说明标注的内容应当与销售的种子相符。种子生产经营者对标注内容的真实性和种子质量负责。涂改标签的，由县级以上人民政府农业、林业主管部门责令改正，处二千元以上二万元以下罚款。

第六篇　农作物种植技术规程

1. 农产品地理标志阳信鸭梨生产技术规范

（1）生产地域范围。

阳信鸭梨的登记地域保护范围为山东省滨州市阳信县（市、区）内，地理坐标为：东经117°15′~117°52′，北纬37°26′~37°43′，地域保护面积7 300公顷，行政区划内包括2个街道办事处、7个镇、1个乡等860个村，总种植面积47 000公顷。

（2）产地环境。

1）产地环境

阳信鸭梨园地应选择在生态条件良好，产地周围3千米、上风向5千米范围内无污染企业，远离交通主干道100米以上。产地环境条件应符合无公害农产品相关规定的要求。

2）园地选择

新建梨园要选择远离污染源、灌溉水源充足的农业区域。以肥沃的沙质壤土为宜，要求活土层在50厘米以上，地下水位在1米以下，土壤pH值小于8.0，总盐量在0.2%以下。

3）园地规划

建园设计及道路规划应适合机械化作业的要求。配备必要的水、电、路、渠等基础设施及存放农机具等生产资料所必需的附属设施。

（3）登记产品的品种。

主要品种为：白梨。

白梨主要优良品种有鸭梨、酥梨、早酥梨、库尔勒香梨等；

砧木以杜梨为主。

（4）产品品质特色。

1）外在特征

阳信鸭梨因其果梗部突起状似鸭头而得名，具有外形美观、色泽金黄等特点，平均单果重 180 克左右，最大单果重 260 克，初采为黄绿色，贮藏后通体金黄，鸭梨皮薄核小，汁多无渣，香味浓郁，清脆爽口，酸甜适度，风味独特，素有" 天生甘露"之称；阳信鸭梨树势强，结实性好，易管理，可连续丰产。

2）内在品质指标

阳信鸭梨果实硬度每平方厘米 4.3 千克，皮薄肉细、核小无渣、香甜脆嫩、味美多汁、酸甜适度，可溶性固形物≥10%，总酸≤0.22%，钙≥5 毫克/100 克，磷≥6 毫克/100 克，铁≥0.2 毫克/千克。常食鲜鸭梨具有润肺止咳，抗衰老的功效。

（5）生产方式。

1）建园

①整地。阳信鸭梨梨园行向以南北向为宜，按行距挖深宽各 0.8~1 米的栽植穴/沟（中低密度挖栽植穴，高密度挖栽植沟），穴/沟底填厚 30 厘米左右的粉碎作物秸秆。挖出的浅层土与足量有机肥混匀，回填穴/沟中。待填至低于地面 20 厘米后，灌水浇透，使土彻底沉实后覆上一层表土保墒。

②栽植密度。栽植密度（1.0~1.5）米×（3.5~4.5）米。

③栽植时间。苗木自然落叶后至土壤封冻前栽植为宜，也可于土壤解冻后至苗木萌芽前栽植。

④苗木。苗木质量达到符合相关梨苗木一级苗以上标准。栽植前，对苗木根系进行修剪，并浸泡 12 小时以上。

⑤栽植方法。在栽植穴/沟内按行株距挖深宽各 30 厘米的定植穴。将苗木置于穴中央，舒展根系，扶正苗木，纵横成行，边填土边提苗、踏实。栽植后保持根茎与地面平齐。栽后立即灌水浇透，并在一米树盘内覆盖地膜保墒。苗木定植后按整形要求立

即定干，定干剪口进行涂抹保护。

2）土肥水管理

①土壤管理

深翻改土：结合秋施基肥进行，沿行向在树冠外缘开深宽各40厘米左右的沟。土与有机肥混匀回填并灌足水。

树盘覆盖：在树盘内覆盖作物秸秆、杂草等，厚度15厘米以上，上面零星压土。连覆2~3年后翻入地下。

行间生草：在行间于春季或秋季种草，可选用黑麦草、鼠茅草、三叶草、毛叶苕子、紫花苜蓿等，也可自然生草。生长季节当草长到30~40厘米时进行刈割，并将割下的草覆盖在树盘。

②施肥

肥料标准：使用的肥料应符合相关使用标准。

施肥原则：根据土壤分析、叶片营养诊断和产量确定施肥种类配比及用量。

基肥：采收后及早施入，以腐熟的农家肥为主，可混入适量化肥。施肥量，初果期树按每生产1千克梨施1.5~2.0千克优质农家肥计算；盛果期梨园每666.7平方米施3 000千克以上。结合深翻改土开沟施入。

追肥：第一次追肥，3月底（即花前15天左右）进行，以氮为主，适量掺入磷钾肥，一般每666.7平方米施尿素10~20千克，掺施磷钾复混肥5~8千克。第二次追肥，5月份花后新梢展叶期进行，一般每666.7平方米追磷酸二铵15~30千克。第三次追肥，7月份果实迅速生长期，以磷钾肥为主，一般每666.7平方米施氮磷钾复合肥15~25千克。

幼龄至初果期梨园选用以上施肥量的下限。

叶面喷肥：一般花期喷一次0.1%~0.3%的硼砂，生长前期喷1~2次0.2%~0.3%的尿素，中后期喷1~2次0.2%~0.3%的磷酸二氢钾，采果后喷1~2次1%~3%的尿素。也可根据树体情况喷施果树生长发育所需的微量元素。

③水分管理

灌水：灌水时期根据梨树需水特性和土壤墒情而定，一般在萌芽前、花后、8月上中旬、土壤封冻前四个时期进行。推广滴灌、肥水一体化技术。

排水：果园出现积水时，要及时排水。

3）整形修剪

①树形

主干开心形：干高40~60厘米。主枝5个，其中一层3个，基角50°，二层2个，基角40°。1~2层间距100~120厘米，树体高度不超过行距的70%。枝组以中小型为主，大枝组总枝量要小于中小枝组的总枝量，中小枝组的距离平均不小于30厘米，干与主枝的粗度比例为4：3，长、中、短枝占总枝量的比例分别为5%、10%~15%、80%~85%。一层主枝的枝量，产量占全树的70%。树体高度2.5~3米。阳信鸭梨大多以该树形生产为主，并多为10年龄以上梨园。

圆柱形：干高60厘米，树高3米左右，培养强壮的中心干，中心干直接着生24~26个结果枝组，枝组基角70°~90°。新植大苗，不定干或高定干，除地上60厘米及距树顶30厘米外，全部刻芽，促发新枝。

Y字形：干高40厘米，主干上着生伸向行间的两大主枝，主枝基角40°~50°，腰角55°~60°，梢角75°~85°，每个主枝上直接着生中小型枝组和短果枝群，树高控制在2.5米左右。

②修剪

幼树和初果期树：实行“轻剪、多留、少疏枝”。选好骨干枝、延长头，进行中截，促发长枝，培养树形骨架，加快长树扩冠。拉枝开角，调节枝干角度和枝间从属关系，促进花芽形成，平衡树势。

盛果期树：调节生长和结果之间的关系，采取适宜修剪方法，调节树势至中庸健壮。花芽饱满，约占总芽量的30%。枝组年轻化，中小枝组约占 85%。及时落头开心，疏除密生旺枝和背上直立旺枝，改善冠内光照。对枝组做到选优去劣，去弱留壮，疏密适当。

更新复壮期树：当产量降至 1 500 千克/666.7 平方米以下时，进行更新复壮。每年更新 1~2 个大枝，3 年完成更新并恢复产量。

4）花果管理

①授粉。采用人工、蜜蜂或壁蜂等授粉方法。

②防霜冻。花前灌水延迟花期，根据天气预报，花期采用喷水、熏烟等措施，防止霜冻。

③疏花疏果。及早疏除过量花果。每隔 15~20 厘米留一个花序，每一个花序留一个发育良好的边果。按照择优去劣的疏果原则，树冠中后部多留，枝梢先端少留，侧生背下果多留，背上果少留，盛果期树每 666.7 平方米留果量 1.6 万~1.8 万个，每 666.7 平方米产量控制在 3 000 千克左右。

④果实套袋。选择专用纸袋。落花后 20~30 天套袋。套袋前喷 1~2 次杀虫、杀菌剂。成熟后带袋采收。

5）病虫害防治

①防治原则。使用的药剂均为在国家农药管理部门登记允许在梨树上用于防治梨树病虫的种类，如有调整，按照新的管理规定执行。使用农药应符合相关使用标准。

②防治规程

落叶至萌芽前：重点防治腐烂病、轮纹病和叶螨、黄粉蚜、康氏粉蚧等。清扫枯枝落叶，剪除病虫梢、病僵果，翻树盘及刮除老粗翘皮、病瘤、病斑等，带出梨园集中深埋或烧毁。萌芽前树体喷布一次 5 波美度石硫合剂。

萌芽至开花前：重点防治黑星病、轮纹病、梨木虱和蚜虫类。继续刮除病斑和病瘤减少病菌菌源。开花前每 666.7 平方米悬挂 20~30 块黄色粘虫板诱杀梨茎蜂和梨木虱。悬挂黑光灯、频振式杀虫灯、性诱芯等方法诱集捕杀害虫。喷施40%氟硅唑乳油6 000~8 000倍液混加10%吡虫啉可湿性粉剂3 000~4 000倍液。

落花后至幼果套袋前：重点防治黑星病、轮纹病、梨木虱和蚜虫类。喷施25%嘧菌酯悬浮剂5 000倍液或80%代森锰锌可湿性粉剂800倍液，防治锈病、黑星病和轮纹病。梨木虱第一代若虫发生期，喷施3%阿维菌素微乳剂2 000~3 000倍液或4. 5%高效氯氰菊酯微乳剂1 500~2 000倍液，混加70%甲基硫菌灵可湿性粉剂1 000倍液。套袋前严密喷一遍10%吡虫啉可湿性粉剂2 000倍液，防治入袋害虫黄粉蚜。

果实膨大期：重点防治黑星病、轮纹病、黑斑病、梨木虱和食心虫。防治黑星病和轮纹病使用药剂为12. 5%烯唑醇可湿性粉剂3 000~4 000倍液或80%代森锰锌可湿性粉剂800倍液喷施防治。喷施2. 5%高效氯氟氰菊酯微乳剂2 000~2 500倍液防治食心虫和梨木虱。进入雨季，交替使用倍量式波尔多液（1：2：200）或内吸性杀菌剂，防治果实和叶片病害，15天左右喷一次。

果实采收前后：重点防治轮纹病、黑星病和食心虫。喷施40%氟硅唑乳油6 000~8 000倍液或70%甲基硫菌灵可湿性粉剂1 000倍液，混加高效氯氰菊酯微乳剂1 500倍液。采收前20天喷布一次10%苯醚甲环唑水分散粒剂6 000~7 000倍液，防治果实病害。在树干上绑缚瓦楞纸、稻草、诱虫带等，次年早春解下并集中烧毁。

禁止使用的农药：包括六六六、滴滴涕、毒杀芬、二溴氯丙烷、杀虫脒、二溴乙烷、除草醚、艾氏剂、狄氏剂、汞制剂、砷类、铅类、敌枯双、氟乙酰胺、甘氟、毒鼠强、氟乙酸钠、毒鼠硅、甲胺磷、甲基对硫磷、对硫磷、久效磷、磷胺、苯线磷、地虫硫磷、甲基硫环磷、磷化钙、磷化镁、磷化锌、硫线磷、蝇毒磷、治螟磷、特丁硫磷、氯磺隆、福美胂、福美甲胂、胺苯磺隆单剂、甲磺隆单剂、百草枯水剂、甲拌磷、甲基异柳磷、内吸磷、克百威、涕灭威、灭线磷、硫环磷、氯唑磷等。其他国家规定禁止使用的农药，从其规定。

（6）采收。

1）采收时期

根据市场需求、用途和果实成熟度适期采收。

2）采收技术

梨果采收宜晴天气温凉爽时进行。果实采收、运输时尽量减少机械损伤，要轻摘、轻拿、轻放，防止将梨果刺伤、碰伤、压伤、损伤等；尽量减少采收过程中的中转环节，采收的同时进行预分级，剔除不适宜贮藏的果实。

（7）生产档案。

生产要建立田间生产资料使用记录，生产管理记录，收获记录，产品检测记录及其他相关质量追溯记录，并保存3年以上。

2. 露地黄瓜病虫害全程绿色防控技术规程

（1）生态调控。

1）轮作换茬

与非葫芦科作物轮作。

2）清洁田园

清除田间及周围杂草，深翻土地，减少病虫基数。

3）土壤处理

定植前每666.7平方米使用>5亿/克枯草芽孢杆菌+胶冻样类芽孢杆菌菌剂40千克改良土壤生态，预防土传病害。

4）健身栽培

①选用抗病品种。根据当地病虫发生情况因地制宜选择抗耐病品种。

②种子消毒。温汤浸种：将种子倒入55℃温水中，并不断搅拌，至常温，晾干，用100亿活孢子/克枯草芽孢杆菌100倍

液拌种，可预防枯萎病、疫病、炭疽病等。

③嫁接育苗。用白籽南瓜子做砧木，进行嫁接。

5）免疫诱抗

待种子出齐苗后，每隔10天左右，喷一次5%氨基寡糖素1 000倍液，共喷2~3遍。

（2）理化诱控。

1）安装杀虫灯

每20 000平方米安装1台频振杀虫灯，利用害虫的趋光性和对光强变化的敏感性诱杀害虫。

2）覆盖银灰膜

黄瓜种植田块覆盖银灰膜避驱蚜虫。

3）性诱剂

每666.7平方米安放两个性诱捕器，位置在植株顶10~15厘米处，诱芯一月更换一次。

（3）生物防治。

1）保护和利用自然天敌昆虫

种植适宜不同时期的蜜源植物种类，为寄生蜂提供栖息场所与蜜源，能提高寄生蜂寄生率。

2）生物菌剂

①使用0.3亿/毫升蜡蚧轮枝菌喷雾防治烟粉虱。

②穴施淡紫拟青霉800~1 000克/666.7平方米，防治根结线虫。

③用蜡质芽孢杆菌防治黄瓜霜霉病。

3）生物农药

①害虫防治

a. 烟粉虱、蚜虫：0.5%苦参碱500倍液喷雾。

b. 红蜘蛛：用10%浏阳霉素乳油或49%软皂水剂50~100倍（体积比1%~2%）倍液喷雾。

c. 斑潜蝇：0.9%或1.8%阿维菌素乳油3 000~5 000倍液。

②病害防治

a. 霜霉病：可用 10%多抗霉素 100～150 克/666.7 平方米，或用蜡质芽孢杆菌防治。

b. 角斑病：用 72%农用硫酸链霉素可溶性粉剂3 000～4 000倍液喷雾。

c. 灰霉病：用 1%武夷菌素水剂 150～200 倍液喷雾。

d. 白粉病：可用 10%宁南霉素可溶性粉剂1 200～1 500倍液，或 8%嘧啶核苷类抗菌素可湿性粉剂 500～750 倍液喷雾。

e. 根结线虫：1.8%阿维菌素处理土壤。

（4）科学用药。

1）病害防治

①霜霉病：10%氟噻唑吡乙酮 12～20 毫升/平方米，或 64%代森锰锌+50～75 克/666.7 平方米喷雾。

②白粉病：用 25%嘧菌酯悬浮剂 34 克/666.7 平方米，或 10%苯醚甲环唑1 000倍液喷雾。

③蔓枯病：用 46%氢氧化铜，或 6.25%噁唑菌酮+62.5%代森锰锌喷雾。

④灰霉病：用 22.5%啶氧菌酯或 25%嘧菌酯悬浮剂 34 克/666.7 平方米喷雾。

⑤角斑病：用 77%的氢氧化铜可湿性粉剂 800 倍液，或 88%的水合霉素可湿性粉剂1 500倍液防治。

2）害虫防治

①烟粉虱：12%乙基多杀菌素 2 000倍液、10%灭幼酮或 25%灭螨猛乳油1 000～1 500倍液、2.5%联苯菊酯 EC3 000倍液。

②蚜虫：用 50%抗蚜威可湿性粉剂2 500～3 000倍液喷雾。

③斑潜蝇：使用 20%灭蝇胺可湿性粉剂 30 克/666.7 平方米或 25%噻虫嗪水分散粒剂 3 克/666.7 平方米对水喷雾。

④害螨：用 73%克螨特乳油或 15%哒螨酮乳油 1 500倍液喷雾。

3. 绿色食品拱圆大棚黄瓜生产技术规程

（1）产地环境。

应选择交通便利、远离（3 000 米以上）污染源、生态环境良好的地方建园；园区空气环境质量、土壤环境质量和灌溉水质量应符合绿色食品产地环境的相关要求；园区地形开阔、阳光充足、通风良好；距离水源较近，有灌溉条件；园地土壤肥沃，质地疏松，地下水位在 0.8 米以下，pH 值 6.5~7.5。

（2）种子。

品种选择：

①选择原则。选择抗病、优质、高产、耐贮运、商品性能好、适合市场需求的品种。早春和秋冬栽培应选择高抗病毒、耐热品种；越冬栽培要选择耐低温、耐弱光、多抗病害、抗逆性好，连续结瓜能力强的品种。禁止使用转基因种子。

②推荐品种。早春栽培黄瓜专用品种，如津优 35、博美 335、津春 2 号、翠龙等；秋延迟栽培黄瓜专用品种，如津优 12 号、锦江大丰 11、津优 10 号、津绿 1 号、津优 1 号等。

（3）育苗。

1）苗床准备

①育苗设施。根据不同季节选用不同的育苗方式。秋季育苗应配有防虫遮阳网，有条件的可采用穴盘育苗和工厂化育苗，并对育苗设施进行消毒处理。

②营养土。选用无病虫源的田土、腐熟农家肥、草炭、复合肥等，按一定比例配制成营养土，要求孔隙度为 60%以上，pH 值 6~7，速效磷 100 毫克/千克以上，速效钾 100 毫克/千克以上，速效氮 150 毫克/千克，疏松、保肥、保水、营养完全。将配制好的营养土均匀铺入苗床，厚度 10 厘米。

③播种床。按照种植计划准备足够的播种床。每平方米用福尔马林 30~50 毫升，加水喷洒床土，再用塑料薄膜闷盖 3 天后

揭开，待气体散尽后播种。

2）种子处理

①温汤浸种。把种子放入 55℃热水内，搅拌并维持温度 15 分钟。

②浸种催芽。黄瓜种子浸泡 4~5 小时，捞出洗净，于 25℃下催芽。用于嫁接的南瓜种需浸泡 12 小时后直播。

3）播种方法

①当 70%种子破嘴即可播种。

②采用营养土块育苗，宜选择晴天中午进行播种，播前苗床内要充分浇灌底水，按 7~10 厘米见方点播，播后及时在种子上盖厚约 1.0~1.5 厘米过筛的细土，全畦播完后再撒一层厚约 0.5 厘米的细土。

③采用营养钵（10 厘米×10 厘米）育苗，钵内填充营养土，播种时浇透水，水渗后将种子播于钵中央，每钵 1 粒，上覆 1.5 厘米厚细潮土。每平方米苗床再用 50%多菌灵可湿性粉剂 8 克，拌上细土均匀薄撒于床面上，防治猝倒病。

④采用穴盘育苗，砧木播种选用 50 孔穴盘，尺寸 530 毫米×280 毫米×80 毫米（长×宽×高）；接穗播种选用平底育苗盘，标准尺寸 600 毫米×300 毫米×60 毫米（长×宽×高）。加水使基质含水量达 50%~60%，将基质装入穴盘或平盘中，稍加振压，抹平即可。播后覆盖 1~1.5 厘米消毒蛭石，淋透水，苗床覆盖地膜。

⑤秋季播种要用遮阳网遮阳。

4）苗期管理

①温度。秋季育苗用遮阳网调温，冬季育苗采用多层覆盖。播种后，苗床内气温白天保持在 25~30℃，夜间 16~18℃。3 天后 80%的苗子出土，温度要及时降低，白天保持在 25℃左右，夜间 12~14℃。5~7 天后幼苗开始出现真叶，白天温度保持在 30℃左右，夜间 16~18℃。

②光照。冬春育苗采用反光幕，秋季育苗遮阳。光照对培育壮苗尤为重要，首先要用新的防雾无滴膜，每天光照时间要达到8小时以上，阴天要用补光灯，或张挂反光膜补光。

③水分。水分要浇足，视育苗季节和墒情适当浇水。黄瓜根系吸水能力弱，土壤水分需充足，一般保持田间最大持水量的80%~90%。水分过大，地温低，易发生沤根。

④嫁接、分苗。一般采用插接或靠接法嫁接育苗。以白籽南瓜、黄籽南瓜等作砧木，黄瓜作接穗。嫁接后扣小拱棚遮阴，小拱棚内相对湿度为100%，白天温度30℃，夜间18~20℃，嫁接后3天逐渐撤去遮阴物，7天后伤口愈合，不再遮阴。不嫁接的当幼苗在2叶1心时分苗。结合防病喷500倍代森锰锌。

⑤扩大营养面积。秧苗3~4叶时加大苗距，容器（营养体）间空隙要用细土或糠填满，以保湿保温。

⑥炼苗。撤去保温层（或遮阳网）适当控制水分并通风降温。

5）定植

①壮苗指标。株高15厘米，4~5片叶，叶色浓绿、厚，茎粗1厘米左右，无病害。

②整地施基肥。基肥施入量：磷肥为其施肥总量的40%以上，氮肥和钾肥为其总施肥量的50%~60%，每666.7平方米施优质有机肥4 000千克以上。深翻25~30厘米，南北向作畦。

③棚室消毒。棚室在定植前要消毒，每666.7平方米设施用80%敌敌畏250毫升拌上锯末，与2 000~3 000克硫黄粉混合，分10处点燃密闭棚室一昼夜，放风后无味时定植。

④定植时间。选择冷尾暖头，在10厘米土温稳定在10℃后，晴朗无风的上午进行定植。嫁接苗在嫁接后25天左右定植。

⑤定植密度及方法。定植采用暗水稳苗法，即将苗坨按株距摆放到定植沟边，沟内浇水，水渗完后将苗坨按规定株距摆放到沟内，白天晒沟及苗坨（以促早发根，快发根），傍晚覆土，覆

土时注意苗坨要和土壤表面持平即浅栽。每 666.7 平方米定植 3 000~3 500株。

（4）田间管理措施。

浇定植水后，浅中耕 3 次为宜，但不要碰动土坨。

1）温度

缓苗期：白天 28~30℃，晚上不低于 16℃。缓苗到根瓜采收前。以控为主。适当降低温度，白天温度保持在 30℃左右，夜间 14℃左右。

2）光照

保持覆盖物清洁，白天揭开保温覆盖物，日光温室内部张挂反光幕，尽量增加光照强度和时间。春季后期适当遮阳降温。

3）空气湿度

适宜相对湿度：缓苗期 80%~90%，开花结果期 60%~70%，结果期 50%~60%。生产上通过地膜覆盖，滴灌或暗灌，通风排湿等措施，尽可能把棚内空气湿度控制在最佳指标范围内，春季要注意通风降湿。

4）二氧化碳

冬春季节增施 CO_2，使设施内 CO_2浓度达到1 000~1 500毫克/千克。

5）肥水管理

①采用膜下滴灌或暗灌。缓苗前严禁顺沟浇大水，一定要分株浇小水或滴灌。当新叶开始生长时，缓苗已结束（需 7~8 天），可在晴天时浇 1 次缓苗水。定植水一定要浇透。冬春季节不浇明水，土壤相对湿度控制在 60%~70%。

②根据生育期季节长短和生长情况及时追肥，当大部分植株根瓜长到 15 厘米左右可进行第 1 次追肥浇水，一般每 666.7 平方米施氮磷钾三元复合肥（16-8-18）15~20 千克。

③扣除基肥部分，分多次浇水追肥，同时可追施微量元素。

④推荐肥量见表 6-1。

表 6-1　推荐肥量

肥力等级	目标产量（千克/666.7 平方米）	纯氮（kg）	磷（P_2O_5）（kg）	钾（K_2O）（kg）
低肥力	3 000~4 200	19~22	7~10	13~16
中等肥力	3 800~4 800	17~20	5~8	11~14
高肥力	4 400~5 400	15~18	3~6	9~12

6）植株调整

①定植后立即架设小拱棚，小拱棚薄膜白天拉开，傍晚盖上。

②抹须：在须长 5 厘米时打掉。

③结瓜期，及早搭架或吊蔓，及时摘除侧枝和老叶病叶，摘除畸形果和病果，以保证质量。当植株长至架顶，进行落蔓，一般整个生长季可落蔓 2~3 次。

④及时分批采收、减轻植株负担、保证产品质量。

（5）病虫害防治。

1）主要病虫害

①苗床主要病虫害有：猝倒病、立枯病、沤根、蚜虫。

②田间主要病虫害有：霜霉病、炭疽病、疫病、细菌性角斑病、蚜虫、白粉虱、茶黄螨、斑潜蝇。

2）防治原则

要从整个生态系统出发，综合运用各种措施，积极改善生态条件，创造不利于有害生物孳生而利于天敌繁衍的环境；按照有害生物的发生规律和经济阈值，优先使用农业防治措施，尽量使用物理防治和生物防治措施，必要时可采用药剂防治技术，但所选药剂要高效、低毒、低残留，并且交替用药，严格执行安全间隔期，符合绿色食品农药使用的相关要求。

3）农业防治

选用抗病品种：根据不同季节选用不同品种。创造适宜的生育条件：培育适龄壮苗，控制好温度、水分、肥料和光照，通过放风，补充 CO_2 等措施，营造适宜的生长环境。实行轮作，将残株败叶和杂草清理干净，集中进行无害化处理，保持田园清洁。

科学施肥：测土配方平衡施肥，增施有机肥，少施化肥，防止土壤板结和盐害化。

4）物理防治

利用黄板诱杀蚜虫、白粉虱，田间悬挂黄色粘虫板或黄色板条（25 厘米×40 厘米），其上涂一层机油（每 666.7 平方米 30~40 块）；中小棚覆盖银灰色地膜驱避蚜虫。

5）生物防治

积极保护天敌，利用天敌防治病虫害。采用植物源农药如苦参碱、印楝素等和生物源农药如链霉素等防治病虫害。

6）化学防治

①在有害生物发生较严重且其他措施未能有效控制时，根据防治对象的生物学特性和为害特点，允许使用中等毒性以下的植物源农药、动物源农药和微生物源农药，允许使用硫制剂和铜制剂，可以有限度地使用部分低毒有机合成农药，但有机合成农药在一个生长季内只能使用一次。

②禁止使用剧毒、高毒、高残留或有三致毒性（致癌、致畸、致突变）的农药。

③应加强病虫害的预测预报，有针对性适时用药，未达到防治指标或益虫与害虫比例合理的情况下不使用农药。

④应根据保护天敌和安全性要求，合理选择农药种类、施用时间。

7）有害生物综合防治参见表 6-2。

表 6-2　有害生物综合防治

防治对象	农药名称	使用方法	安全间隔期
猝倒病	64%恶霜灵+代森锰锌	500 倍喷雾	3 天

（续表）

防治对象	农药名称	使用方法	安全间隔期
立枯病	72.2%霜霉威利水	800 倍喷雾	5 天
疫病	58%甲霜灵锰锌可湿性粉剂	800~1 000 倍喷雾	1 天
细菌性角斑病	72%农用链霉素	4 000 倍喷雾	3 天
蚜虫、白粉虱	2.5%联苯菊酯乳油	2 000~3 000 倍喷雾	4 天
	10%吡虫啉可湿性粉剂	2 000~3 000 倍喷雾	7 天
霜霉病	80%代森锰锌可湿性粉剂	200~250 克/666.7 平方米	6 天
灰霉病	50%异菌脲	1 000~1 500 倍液喷雾	7 天

（6）果实采收、包装和贮运。

1）果实采收

根据果实的成熟度和市场需求分期采收。适时早采根瓜，防止坠秧。及时分批采收，减轻植株负担，促进后期果实膨大。一般雌花开放后 6~10 天，即可采收。采收时用剪刀剪断瓜柄，轻拿轻放。瓜秧基部的头茬瓜，要适时早摘、摘净，以防晚摘坠秧，影响上部瓜果正常生长。

2）果实包装

按个头、瓜形、颜色等分类包装，在包装箱上明确标明绿色食品标志、产品名称、数量、品种、产地、包装日期、保存期、生产单位、执行标准代号等内容。

3）运输

装运时应轻装、轻卸，严防机械损伤；运输工具应清洁、卫生、无污染；采用公路汽车运输应严防日晒雨淋，采用铁路或水路长途运输应注意防冻和通风散热。

（7）生产档案管理。

在生产过程中应当建立完整的生产档案记录，生产档案记录保存期限不得少于 2 年。

4. 有机食品黄瓜生产技术规程

（1）产地环境。

生产有机黄瓜的土地必须经过有机认证机构的认证。土地环境要求地势平坦，排灌方便，土层深厚、疏松、肥沃的地块，农田灌溉用水水质、土壤环境质量、环境空气质量应符合有机产品产地环境的相关规定。

（2）生产管理。

1）品种选择

应选择适应当地的土壤和气候特点，抗病、抗逆性强、优质、高产、商品性好、适合市场需求的品种，不能使用转基因种子。

2）种子处理

将精选黄瓜种子放在50～55℃的温水中浸种15分钟，不断搅拌，待水温降至30℃时浸泡3～4小时。用清水淘洗干净，置于28～30℃下催芽。

黑籽南瓜种子也采用温汤浸种后浸泡4～5小时，在28～30℃下催芽。

种子出芽70%左右时即可播种。

3）育苗

①苗床准备。根据季节不同选择温室、大棚、温床等育苗设施，夏秋季育苗应配有防虫遮阳设施。每666.7平方米需建苗床约40平方米，苗床为平畦。苗床用0.1%高锰酸钾溶液消毒。将配制好的营养土装入营养钵或纸袋中，密排在苗床上。

②营养土配制。选用无病虫源的田土与发酵腐熟的厩肥、草炭等，按3：3：1比例配好拌匀，过筛后使用。

③播种期。根据栽培季节、气候条件、栽培方式、育苗手段和壮苗指标选择适宜的播种期，详见表6-3。采用插接法时，黄

瓜种子需晚播 4~5 天；采用靠接法时，黄瓜应比黑籽南瓜早播 4~5 天。

表 6-3　栽培茬口

栽培方式	播种期（月/旬）	定植期（月/旬）	收获期（月/旬）	育苗场所
温室秋冬茬	8/下至 9/上	9/中下	10/上至 2/上	遮阴育苗
温室越冬茬	10/中下	11/中下至 12/上	1/中下至 6/中下	温室育苗
温室冬春茬	12/中下	2/上中	3/上中至 6/中下	温室育苗
塑料大棚春提前	1/中至 2/上	3/下	4/中下至 7/中	温室育苗
春季露地或地膜覆盖	3/中下	4/下	5/中至 7/中下	塑料薄膜拱棚育苗
夏秋季露地	6/下至 7/上	7/中至 8/中	8/下至 9/下	直播或遮阴育苗
塑料大棚秋延后	7/中至 7/下	8/上至 8/下	9/上至 11/上	直播或遮阴育苗

④嫁接前管理。播种后覆土 1.0~1.5 厘米，床面覆盖地膜。苗出土前苗床气温白天 25~30℃，夜间 16~20℃，地温 20~25℃。幼苗出土时，揭去地膜。出苗后白天床温 25~28℃，夜间 15~18℃。

⑤嫁接。嫁接可采用插接法、靠接法。

⑥嫁接后的管理。嫁接后 3 天内苗床不放风、不见光。苗床气温白天保持在 25~28℃，夜间 18~20℃；空气湿度保持 90%~95%。3 天后视苗情，开始间隔揭去草苫，以不萎蔫为度进行短时间少量放风，以后逐渐加大放风量。一周后接口愈合，即可全部揭去草苫，并开始大放风，床温指标为白天 22~26℃，夜间 13~16℃。若床温低于 13℃晚上应加盖草苫。育苗期视苗情浇 1~2 次水。采用靠接法的，在接口愈合后，及时剪断接穗的根。

⑦壮苗标准。子叶完好，茎粗壮，叶色浓绿，无病虫危

害。2~3 片真叶，株高 15 厘米左右，根系发达，苗龄 35~40 天。

4）整地、施肥

定植前 15~20 天，结合整地，每 666.7 平方米施腐熟优质农家肥 3.5~4.5 吨。保护地栽培采用高畦或起垄，高 15 厘米，采用大小行栽培，大行距 70~80 厘米，小行距 40~50 厘米。畦面覆盖地膜，定植两行。

5）定植

露地栽培应在晚霜结束后，日平均气温稳定在 15℃以上时方可定植。春季定植要选晴朗无风天气进行。夏秋季要在傍晚。设施冬春茬定植在冷尾暖头的上午。要求边起苗、边定植、边浇扎根水。

先在垄上开沟，顺沟浇透水，趁水未渗下按 28~31 厘米的株距放苗，水渗下后封沟。定植 4~5 天后，再在大垄及小垄沟内灌水。

6）田间管理

①温湿度管理。春季大棚栽培时，定植后要闭棚 2~3 天，以利提高地温。棚内昼温保持 25~30℃，夜间 20~22℃。缓苗后棚内昼温保持 25~28℃，夜间 12~15℃。棚内温度超过 28℃要及时通风，降至 20℃时闭棚。

②肥水管理

a. 生长期较短的栽培茬次，一般追两次肥，第一次在定植成活后，第二次在结果期。每次每 666.7 平方米用腐熟有机肥 1 000千克。生长期较长的越冬茬黄瓜，在生长过程中根据生长发育的需要，隔一水追一次肥。若以上方法不能满足植株养分需求时，允许使用表 6-4 所列出的物质。使用表 6-4 未列入的物质时，应由认证机构对该物质进行评估。

表 6-4 可使用肥料

类别	名称和组分	使用条件
I. 植物和动物来源	植物材料（秸秆、绿肥等）	—
	畜禽粪便及其堆肥（包括圈肥）	经过堆制并充分腐熟
	畜禽粪便和植物材料的厌氧发酵产品（沼肥）	—
	海草或海草产品	仅直接通过下列途径获得： 物理过程，包括脱水、冷冻和研磨； 用水或酸和（或）碱溶液提取； 发酵
	木料、树皮、锯屑、刨花、木灰、木炭及腐植酸类物质	来自采伐后未经化学处理的木材，地面覆盖或经过堆制
	动物来源的副产品（血粉、肉粉、骨粉、蹄粉、角粉、皮毛、羽毛和毛发粉、鱼粉、牛奶及奶制品等）	未添加禁用物质，经过堆制或发酵处理
	蘑菇培养废料和蚯蚓培养基质	培养基的初始原料限于本附录中的产品，经过堆制
	食品工业副产品	经过堆制或发酵处理
	草木灰	作为薪柴燃烧后的产品
	泥炭	不含合成添加剂。不应用于土壤改良；只允许作为盆栽基质使用
	饼粕	不能使用经化学方法加工的
Ⅱ. 矿物来源	磷矿石	天然来源，镉含量小于等于 90 毫克/千克五氧化二磷
	钾矿粉	天然来源，未通过化学方法浓缩。氯含量少于 60%
	硼砂	天然来源，未经化学处理、未添加化学合成物质
	微量元素	天然来源，未经化学处理、未添加化学合成物质
	镁矿粉	天然来源，未经化学处理、未添加化学合成物质

（续表）

类别	名称和组分	使用条件
Ⅱ. 矿物来源	硫黄	天然来源，未经化学处理、未添加化学合成物质
	石灰石、石膏和白垩	天然来源，未经化学处理、未添加化学合成物质
	黏土（如珍珠岩、蛭石等）	天然来源，未经化学处理、未添加化学合成物质
	氯化钠	天然来源，未经化学处理、未添加化学合成物质
	石灰	仅用于茶园土壤 pH 值调节
	窑灰	未经化学处理、未添加化学合成物质
	碳酸钙镁	天然来源，未经化学处理、未添加化学合成物质
	泻盐类	未经化学处理、未添加化学合成物质
Ⅲ. 微生物来源	可生物降解的微生物加工副产品，如酿酒和蒸馏酒行业的加工副产品	未添加化学合成物质
	天然存在的微生物提取物	未添加化学合成物质

b. 缓苗后 5~7 天要浇一次缓苗水，根瓜坐果后浇一次水，始收期每隔 5~7 天浇一次水，盛果期每隔 3~4 天浇一次水，采收后期适当减少浇水次数。棚内浇水应注意通风排湿。露地栽培在浇水的同时，应注意雨后及时排水防涝。夏季浇水应在早晚进行。

③插架绑蔓

a. 露地栽培时要在株高 10~15 厘米时进行插架，架材高 2~2.5 米。每穴一根，蔓长 30 厘米绑一道，以后每 3~4 节绑一道。

b. 保护地栽培采用吊蔓，“S”形绑蔓，并及时落蔓，使龙头离地面始终保持在 1.5~1.7 米。随绑蔓将卷须、雄花及下部的侧枝去掉。

7）病虫害防治

①主要病虫害。主要病害有枯萎病、灰霉病、白粉病、霜霉病等，主要害虫有蚜虫、白粉虱、美洲斑潜蝇等。

②防治原则。病虫害防治的基本原则是综合运用各种防治措施，创造不利于病虫害孳生和有利于各类天敌繁衍的环境条件。优先采用农业措施，提高选用抗病抗虫品种，非化学药剂种子处理，加强栽培管理，轮作等措施并配合人工、物理和生物措施，防治病虫害。

③农业防治。采用抗病品种，针对当地主要病虫控制对象，选用有针对性的高抗多抗品种。进行轮作换茬，与非瓜类蔬菜进行3~5年的轮作换茬，最大限度地减少病虫危害。使用嫁接苗，采取嫁接育苗，可有效地防止或降低枯萎病等土传病害的发生，并提高其抗逆性。培育壮苗，培育适龄壮苗，定植前进行秧苗锻炼，可显著提高植株抗逆性。温湿度控制，通过放风、增强覆盖、辅助加温等措施，控制各生育期温湿度。保护地黄瓜可采用高温闷棚抑制霜霉病病势的发展。

④物理防治。防虫网，通风口处增设防虫网，以40目防虫网为宜。悬挂诱杀板，棚内悬挂黄色诱杀板诱杀白粉虱、蚜虫、美洲斑潜蝇等对黄色有趋向性的害虫，每666.7平方米30~40块，并适时更换。

⑤生物防治。利用寄生性天敌丽蚜小蜂防治白粉虱，当白粉虱虫口密度达到0.5头/株时释放丽蚜小蜂，释放密度保持在10 000头/666.7平方米；也可利用七星瓢虫、草青蛉防治蚜虫、叶螨、红蜘蛛及白粉虱。

⑥药物防治。若以上方法不能有效控制病虫害时，允许使用表6-5所列出的物质。使用表6-5未列入的物质时，应由认证机构对该物质进行评估。

表 6-5　可使用药物

类别	名称和组分	使用条件
Ⅰ. 植物和动物来源	楝素（苦楝、印楝等提取物）	杀虫剂
	天然除虫菊素（除虫菊科植物提取液）	杀虫剂
	苦参碱及氧化苦参碱（苦参等提取物）	杀虫剂
	鱼藤酮类（如毛鱼藤）	杀虫剂
	蛇床子素（蛇床子提取物）	杀虫、杀菌剂
	小檗碱（黄连、黄柏等提取物）	杀菌剂
	大黄素甲醚（大黄、虎杖等提取物）	杀菌剂
	植物油（如薄荷油、松树油、香菜油）	杀虫剂、杀螨剂、杀真菌剂、发芽抑制剂
	寡聚糖（甲壳素）	杀菌剂、植物生长调节剂
	天然诱集和杀线虫剂（如万寿菊、孔雀草、芥子油）	杀线虫剂
	天然酸（如食醋、木醋和竹醋）	杀菌剂
	菇类蛋白多糖（蘑菇提取物）	杀菌剂
	水解蛋白质	引诱剂，只在批准使用的条件下，并与本附录的适当产品结合使用
	牛奶	杀菌剂
	蜂蜡	用于嫁接和修剪
	蜂胶	杀菌剂
	明胶	杀虫剂
	卵磷脂	杀真菌剂
	具有趋避作用的植物提取物（大蒜、薄荷、辣椒、花椒、薰衣草、柴胡、艾草的提取物）	趋避剂
	昆虫天敌（如赤眼蜂、瓢虫、草蛉等）	控制虫害

（续表）

类别	名称和组分	使用条件
Ⅱ. 矿物来源	铜盐（如硫酸铜、氢氧化铜、氯氧化铜、辛酸铜等）	杀真菌剂，防止过量施用而引起铜的污染
	石硫合剂	杀真菌剂、杀虫剂、杀螨剂
	波尔多液	杀真菌剂，每年每666.7平方米铜的最大使用量不超过0.4千克
	氢氧化钙（石灰水）	杀真菌剂、杀虫剂
	硫黄	杀真菌剂、杀螨剂、趋避剂
	高锰酸钾	杀真菌剂、杀细菌剂；仅用于果树和葡萄
	碳酸氢钾	杀真菌剂
	石蜡油	杀虫剂、杀螨剂
	轻矿物油	杀虫剂、杀真菌剂；仅用于果树、葡萄和热带作物（如香蕉）
	氯化钙	用于治疗缺钙症
	硅藻土	杀虫剂
	黏土（如斑脱土、珍珠岩、蛭石、沸石等）	杀虫剂
	硅酸盐（硅酸钠、石英）	趋避剂
	硫酸铁（3价铁离子）	杀软体动物剂
Ⅲ. 微生物来源	真菌及真菌提取物（如白僵菌、轮枝菌、木霉菌等）	杀虫、杀菌、除草剂
	细菌及细菌提取物（如苏云金芽孢杆菌、枯草芽孢杆菌、蜡质芽孢杆菌、地衣芽孢杆菌、荧光假单胞杆菌等）	杀虫、杀菌剂、除草剂
	病毒及病毒提取物（如核型多角体病毒、颗粒体病毒等）	杀虫剂

（续表）

类别	名称和组分	使用条件
Ⅳ．其他	氢氧化钙	杀真菌剂
	二氧化碳	杀虫剂，用于贮存设施
	乙醇	杀菌剂
	海盐和盐水	杀菌剂，仅用于种子处理，尤其是稻谷种子
	明矾	杀菌剂
	软皂（钾肥皂）	杀虫剂
	乙烯	香蕉、猕猴桃、柿子催熟，菠萝调花，抑制马铃薯和洋葱萌发
	石英砂	杀真菌剂、杀螨剂、驱避剂
	昆虫性外激素	仅用于诱捕器和散发皿内
	磷酸氢二铵	引诱剂，只限用于诱捕器中使用
Ⅴ．诱捕器、屏障	物理措施（如色彩诱捕器、机械诱捕器）	—
	覆盖物（网）	—

（3）采收、包装。

1）采收

达到商品成熟时及时采收。

2）包装

包装容器整洁、干燥、牢固、美观、无污染、有醒目的有机食品标志；包装上标明品名、规格、毛重、净含量、产地、生产者、采摘日期、包装日期。

（4）技术档案。

建立有机食品黄瓜生产技术档案，应详细记录产地环境、生产技术、生产资料使用、病虫害防治和采收等各环节所采取的具体措施，并保存5年以上。

5. 绿色食品油麦菜生产技术规程

（1）产地环境。

1）基地选址

选择地势平坦，生态环境良好，无污染、远离市区、工矿区和交通要道的地块建园。

2）土壤条件

油麦菜对土壤的适应性较强，以壤土和沙壤最为适宜，土层深厚，有机质含量较高，0~20 厘米土层内有机质含量 1.0%以上，土壤 pH 值 6.5~7.8，总含盐量低于 0.3%，氯化钠含量低于 0.15%；雨季地下水位在 1 米以下，无污染史。

3）气候条件

温度应在 15~20℃，不宜超过 25℃，低温 0℃以上；光照充足。

（2）品种选择。

1）选择原则

根据山东省当地地域特点，选择抗病、抗虫、适度耐盐碱、抗旱耐寒能力强的优质品种。

2）品种选用

根据山东省区域特点，可选用油麦菜品种：红油麦菜、四季油麦菜、香油麦菜。

3）种子质量与用种量

种子纯度≥95%、净度≥96%、发芽率≥85%、水分≤8%。千粒重 1 克左右。育苗栽培用种量为每 666.7 平方米 50 克左右。

4）种子处理

先将种子用清水浸泡 4~6 小时，然后捞起沥干，把浸泡好的种子用纱布包好，放入 15~20℃的催芽箱内，并坚持每天冲洗 1 遍。经 2~4 天，有 60%~70%出芽即可播种。

（3）整地、播种与定植。

1）整地

整平畦面，苗床土力求细碎、平整，播种前应施足基肥，浇足底水。

2）播种

一年四季均可播种，将处理过的种子与适量细沙拌匀，撒播在育苗床上，每666.7平方米育苗移栽用种量50克左右，用0.5厘米厚土覆盖种子，同时搭棚防晒、防雨，期间苗床及时翻耕。幼苗2叶1心时，按株行距5厘米×5厘米分苗。

3）定植

耕翻20厘米深，平整耙细后，做成1.0~1.2米宽的畦。定植苗4~5片真叶，定植株行距为15厘米×15厘米，覆土稳苗后，浇定植水。

（4）田间管理。

1）灌溉

根据土壤湿度，调节安排灌溉时间，注意保持土壤湿润，避免田间积水。本着见干就浇的原则，空气相对湿度控制在75%以下。

2）施肥

只施用基肥不再追肥。在定植前结合整地一次性每666.7平方米施腐熟有机肥2 000~3 000千克，磷酸二铵15~20千克，硫酸钾7.5千克。肥料使用应符合NY/T 394的要求。

（5）病虫害防治。

1）防治原则

按照“预防为主，综合防治”的植保方针，优先采用农业防治、物理防治、生物防治，辅以科学合理的化学防治，达到生产绿色油麦菜的目的。

2）主要病虫害

油麦菜病虫害较少，主要病害为霜霉病，主要虫害为斑潜蝇。

3）农业防治

①选用抗病品种。针对当地主要病虫控制对象及地片连茬种植情况，选用有针对性的高抗多抗品种。

②清洁田园。及时摘除病叶，拔除病株，带出地片深埋或销毁，进行无害化处理，降低病虫基数。

③健株栽培。加强苗床环境调控，培育适龄壮苗。加强养分管理，提高抗逆性。加强水分管理，严防干旱或积水。

④轮作换茬。实行严格的轮作制度，与非菊科作物实行 3 年以上轮作，有条件的地区实行水旱轮作。

⑤闷晒杀毒。油麦菜一茬生产完毕后，深耕，表层覆以薄膜，闷晒 3~5 天，杀灭土壤中病菌及虫卵。

4）物理防治

①笼罩防虫网。在基地种植区域内，笼罩防虫网，防治潜叶蝇等害虫。

②悬挂粘虫板。在种植区悬挂 30 厘米×20 厘米粘虫板，每 666.7 平方米放置 30~40 块，悬挂高度与植株顶部持平或高出 5~10 厘米。

5）生物防治

在种植区内根据防治对象，释放昆虫天敌，例如防治斑潜蝇，可释放姬小蜂进行防治。

6）化学防治

按照 NY/T 393 规定要求合理用药，严格执行农药安全间隔期。优先选用植物源农药、烟雾剂、生物制剂，交替用药，精准施药。

①霜霉病防治。可选用 80% 嘧菌酯水分散粒剂 1 015 克/666.7 平方米喷雾防治，每隔 7 天喷洒 1 次，共喷洒 2 次。

②斑潜蝇防治。可选用 10%灭蝇胺悬浮剂 80~100 克/666.7 平方米喷雾防治。防治成虫应在上午用药，防治幼虫需在 1~2

龄期进行。

（6）采收。

外层叶片长到30~40厘米时采收。采用整洁、无毒、无害、无污染、无异味的包装物进行包装，并注明产地、生产者、规格、毛重、净重、采收日期等。

（7）生产废弃物的处理。

生产使用后的地膜、农药包装袋等废弃物品回收后统一处理。

（8）贮藏。

预冷遮光贮藏。贮藏库保证气流流通，温度均匀，温度3~4℃，相对湿度90%~95%，不得与有毒有害物质混放。

（9）档案与记录。

准确、及时、清晰并完整地记录生产单位、生产地点、种植面积、品种、农药、肥料等投入品使用情况、病虫草害发生及防治情况、采收标准、采收日期、产量等主要内容，保存时间3年以上。

附录A
（资料性附录）

绿色食品油麦菜病虫害化学防治方法

防治对象	防治时期	农药名称	使用剂量（克/666.7平方米）	施药方法	安全间隔期天数（天）
霜霉病	发病初期	80%嘧菌酯水分散粒剂	10~15	喷雾	7
斑潜蝇	发病初期	10%灭蝇胺悬浮剂	80~100	喷雾	7

注：农药使用以最新版本NY/T 393的规定为准。

6. 绿色食品双孢菇生产技术规程

(1) 产地环境。

应在绿色食品和常规生产区域之间设置有效的缓冲带或物理屏障，以防止绿色食品生产基地受到污染。建立生物栖息地，保护基因多样性、物种多样性和生态系统多样性，以维持生态平衡。应保证基地具有可持续生产能力，不对环境或周边其他生物产生污染。

生产场地开阔、清洁卫生、供排水方便，供电稳定。

(2) 品种选择。

1) 选择原则

选择优质、高产、生长周期短、菇潮集中的品种。要求颜色洁白、菇体大小适中，菇菌盖直径 5～6 厘米，出菇快、整齐、不易开伞的品种。

2) 品种选用

适宜山东栽植的优良品种，如双孢菇 2796、2000 等。

(3) 菇房建造。

1) 菇房规格

通常标准菇房为宽 10.6 米，高 2.1～3.1 米（两边 2.1 米，最高点 3.1 米），长 60 米。房门高宽分别为 1.9 米和 1.7 米；每 12 米安装对称的透明窗，规格为 40 厘米宽、80 厘米长，可推拉通风，双层玻璃。

2) 建筑材料

顶、墙全部采用 10 厘米加强保温板材，立柱檩条用水泥柱或加强保温材料。

3) 降温通风设备

两个 1.5 平方米的湿帘，一个 0.75 千瓦的风机。

(4) 栽培季节。

1) 春菇

11—12 月发酵料，11 月下旬至翌年 2 月上旬播种，12 至翌年 3 月初发菌覆土，3—6 月上旬出菇。

2）秋菇

6—7 月中旬发酵料，7—8 月上旬播种，7—8 月底发菌覆土，8 月中旬至 11 月底出菇。

（5）原料及配方比例。

玉米芯 48%，干牛粪 48%，石膏粉 2%，过磷酸钙 2%。

（6）生产技术措施。

1）堆制发酵

①预堆。先将粉碎好的玉米芯用清水充分浸湿，堆成一个宽 2~2.5 米、高 1.3~1.5 米、长度不限的大堆，预堆 2~3 天。同时将牛粪碾碎、加水调湿后堆起。

②建堆。先在料场上铺一层厚 15~20 厘米的玉米芯，宽 1.8~2 米，长度不限，然后撒上一层 3~4 厘米厚的牛粪，堆高 1.3~1.5 米，从第 2 层开始加适量的水，每层玉米芯铺上后均要踏实。

③翻堆。翻堆一般应进行 4 次。在建堆后 6~7 天进行第 1 次翻堆。此后间隔 5~6 天、4~5 天、3~4 天各翻堆 1 次。每次翻堆应注意上下、里外对调位置，堆起后要加盖草帘或塑料膜，防止料堆直接日晒、雨淋。

④发酵标准。堆制全过程约需 25 天。应达到如下标准：培养料的水分控制在 65%~70%（手握紧玉米芯有水滴浸出而不下落），外观呈深咖啡色，无粪臭和氨气味，混合均匀，松散，细碎，无结块。

2）入棚播种

①入棚作畦。经过发酵和后处理的培养料，运输到菇房内，做成料畦。作畦前，先在菇房内路的两侧用灰线打出料畦和走道，料畦宽 1.1 米（有时为了让走道避开立柱，个别料畦可适当加宽或缩窄）、畦间距（走道）0.5 米，料的厚度 25~30 厘米（根据播种季节确定，高温季节薄，低温季节厚）。

②播种。原料作畦后，及时播种。待料温 26~27℃，按照每平方米 2 瓶（袋）菌种用量，将菌种平均分配给各个料畦，一般每畦约 16 瓶，先将一半菌种制碎后均匀撒到床面上，用铁耙挑动床面培养料，使菌种均匀落入床面向下约 10 厘米的培养料中，整平床面，再将另外一半菌种均匀撒播到料床上，覆盖地膜即可。

3）菌丝培养

菌丝培养阶段是双孢菇高产稳产的关键时期，重点解决好温度（空气温度和培养料温度）、湿度、通风条件和预防病虫为害。

①温度。播种后菌丝萌发阶段，要求空气温度 22~25℃，料温不高于 25℃；菌丝封面后（约 6 天），重点控制培养料温度，要求床面以下 15 厘米处料温不高于 24℃。

②湿度。床面用地膜覆盖，不再考虑培养料湿度和空气湿度。

③通风。一是每天掀动地膜一次，确保菌丝供氧；二是确保菇房通风良好；三是如果冬季加温，严防菇房内有烟雾，若有烟雾，立即通风排出，防止菌丝烟雾中毒。

④光线。双孢菇生长不需要光线。

4）覆土

①覆土时间。菌丝封住料面（通常播种后第 7~10 小时）及时覆土。

②覆土材质。要求覆草炭土或含水量高的黏壤土；覆草炭土可比覆普通土增产 20%~30%。

③土壤湿度。要求土壤湿润，含水量 20%左右。

④土壤处理。一是土壤水分调整，即覆土前将土壤水分调整到适宜的土壤湿度。二是土壤消毒，即结合土壤水分调整均匀加入 1%的石灰水。

5）现蕾期管理

①及时喷洒结菇水。菌丝发满培养料，同时覆土表面2/3长

出菌丝时，及时喷洒结菇水。结菇水要反复喷洒，一次喷足，要求覆土含水达到饱和，但不漏入培养料为原则，即饱而不漏。

②控制现蕾温度。双孢菇现蕾适宜温度 18~22℃，喷洒结菇水后，将菇房温度调整到以上温度范围内，保持 3~5 天，床面即可现出大量菇蕾。

6）出菇期管理

①温度管理。双孢菇出菇温度范围为 8~24℃，适宜温度范围 13~18℃，因此，在整个出菇期内，尽可能调整菇房温度在其适宜的温度范围内。

②湿度。出菇阶段对湿度的要求主要是覆土的土壤湿度，其次是菇房空气湿度。土壤湿度要求含水量始终保持在 18%~20%，即近饱和状态，空气湿度要求 80%~95%。

③通风。双孢菇出菇阶段要求一定量的通风，一般二氧化碳浓度不高于 1 600 mg/kg 即可，通常结合喷水后通风即可满足。

④光线。双孢菇子实体不需要光线，光线越暗，子实体色泽越好。

（7）病虫害防治。

1）防治原则

坚持“预防为主、综合防治”的植保方针，以“农业防治、物理防治为主，化学防治为辅”。

2）主要病虫害

杂菌主要有绿霉、毛霉、鬼伞菌、石膏菌等；病害主要有黄斑病等；虫害主要有菇蚊、螨虫等。

3）农业防治

①选用抗病性好、抗逆力强、适应性广的良种，严把菌种质量关，避免使用高温培养及贮存的老化菌种，保持菌种的活力和纯度，不带病虫。

②选用高产培养料配方和最佳处理方式，调节好培养料酸碱

度，培养料要求发酵全面均匀、灭菌彻底，需达到无菌状态，不得在培养料中加入化学农药，接种时严格按照无菌操作规程进行操作。

③采菇后要彻底清理料面，将残菇、病虫菇、病料及时挖除，移出棚外，对病区采取隔离措施，并进行消毒处理，防止病区与无病区之间病害的循环侵染。接触过病菇、病料的手或工具，应清洗干净，并用75%酒精擦拭消毒，防止侵染性病害的再次传播蔓延。

④严格出菇管理，科学调控子实体生长发育所需要的温度、湿度、光照、通风等条件，创造适宜磨菇生长的条件，避免病害及各种虫害的发生。

4）物理防治

①采用日光暴晒大棚地面（晴日4~5天）、高温闷棚（最高达55℃以上，连续5~7天）。

②菇房走廊及发菌室安装粘虫板（30厘米×20厘米）、频振式杀虫灯（15瓦）、黑光灯（20~40瓦）、捕鼠器。

③菇棚门上分别安装60目尼龙防虫门帘，换气口设置60目尼龙防虫纱网。

5）生态防控

发菌阶段保持培养室适宜的温度，降低空气湿度，适度通风，避光发菌。出菇期间保持菇房内不同生育期的适宜温度、空气相对湿度和光照强度，避免高温高湿、温差、湿差及通气不良。

6）化学防治

出菇阶段用药剂量、浓度应低于栽培前或发菌阶段的正常用药量，要在无菇期或避菇使用药剂，以喷洒地面环境为主，不接触菌丝体和子实体，并严格控制用药次数。

对菇蚊、螨虫：用0.3%的印楝素乳油进行喷洒防治。用量为50毫升/666.7平方米。

（8）采收。

1）及时采收

当子实体长至菌盖直径 5~6 厘米（常规品种）菌幕未形成时及时采收。

2）采收方法

采大留小，用手按住四周小菇和覆土，将达到标准的菇旋转摘下，削去泥根即可（或按客户要求不去泥根直接装篮）。注意，削去的泥清出菇房，防止腐烂后孳生霉菌和害虫。

3）采菇后床面管理

一是补土，采收蘑菇带走覆土露料部分及时覆土补齐；二是清理床面，将床面的死菇、菇根等随时清理出去；三是补充水分，随时补足土壤水分；四是发现石膏霉、绿霉等杂菌，将污染部分清理出去，喷洒石灰水控制。

（9）生产废弃物的处理。

及时收集基地农药、基质包装废弃物，集中做无害化处理。及时清理基地周边杂草及落叶，保障菇房周边环境，防止生产生活垃圾对农业生产造成污染。

（10）分级、包装、贮运。

1）分级

拣出破碎、变色、畸形菇，及时整理分级、保鲜或加工处理。

2）预冷

采收温度在 0~15℃时，宜在采后 4 小时内实施预冷，当采摘温度在 15~30℃时，宜在 2 小时内实施预冷，当采摘温度超过 30℃，宜在 1 小时内实施预冷。

3）包装

根据客户对产品规格及包装的要求，将分级处理好的蘑菇装入干净、专用的包装容器内。包装宜在 2~6℃条件下进行。

4）贮运

鲜菇在2~4℃的冷库内进行贮藏。贮藏仓库要先进行清扫和消毒灭菌。贮藏期不宜超过5天。产品运输分常温运输、低温运输。

（11）档案与记录。

准确、及时、清晰并完整地记录生产单位、生产地点、种植面积、品种、农药、肥料等投入品使用情况、病虫草害发生及防治情况、采收标准、采收日期、产量等主要内容，保存时间3年以上。

7. 绿色食品山药生产技术规程

（1）产地环境。

无霜期180天以上，≥10℃活动积温2 800℃以上，年降水量50厘米以上。选择（土质疏松、土层深厚肥沃、排灌方便的沙质土壤，土层深度达130厘米以上。）选择地势较高，有一定的坡度，地下水位较深（机井的水面离地面300厘米以上）的地块。

（2）品种选择。

1）选择原则

根据山药种植区域和生长特点选择适合当地生产的优质品种。

2）品种选用

品种主要选择陈集山药（鸡皮糙、西施种子）等柱形家山药。种子可选用圆嘴、龙头嘴、段子。龙头嘴及段子使用年限不应超过三年。

3）种子处理

①种子截取。龙头嘴截取时，要带少量可食部分，重量要达到70~100克。段子截取长度（视粗细）达到15~20厘米。圆嘴不做截取整薯作种，重量要达到70~100克以上。

②晒种。圆嘴及龙头嘴，播前晒 3～5 天，段子播前晒 5～7 天。

③分检。将种子按大小分检为一级、二级、三级。在分检大小时，随手将龙头嘴、段子，晒后表皮干缩的（退化的）甩出不用。栽种时按大小一级、二级、三级分栽。

④催芽。用段子做种的，晒后要进行阳畦或拱棚催芽，当芽露出 1 厘米左右时，取出备播，若同时出两个以上芽，留一个饱满的芽，其余的全部抹去。

⑤药物浸种。种子晒后、播前，用 50%多菌灵 300 倍液，浸种 15～20 分钟。

（3）整地、播种。

1）整地

实行八年轮作制，前茬以玉米、棉花，杂粮，大豆为主，忌用老菜园。先将地整平，然后将计划底施用量的有机肥、化肥均匀撒在地表，然后悬耕、轧实。按 90 厘米的行距打线，按线机械开沟，深度 150～170 厘米，沟宽 15～18 厘米。

2）播种

①播种时间。以 20 厘米地温稳定在 10℃为起播点，时间上以清明节前后为起播点，4 月 15 日前后播种完毕。

②播种方法。在畦内开沟，将“栽子”以牙为准，芽朝一个方向平放沟中，覆土 6～10 厘米后轻轻踩踏，使栽子与土壤紧密结合。播种深度以地平面至地面下 2～3 厘米为标准。播种密度 5. 5～6 棵/米。折合每 666. 7 平方米植4 000～4 500棵。

（4）田间管理。

1）灌溉

山药是耐旱、怕大水作物，一般情况下不用浇水。遇到特殊的春旱或伏旱，严重影响山药产量，需要进行浇水。浇水应采用喷灌浇水，防止山药塌沟，浇水时间一般在出苗后 40～50 天和 7 月中旬，浇水量一般每 666. 7 平方米 3～4 吨。

2）施肥

①基肥。施足底肥，每 666.7 平方米施农家肥、厩肥 2 000~3 000千克，或饼肥 100~150 千克（需发酵腐熟后施用）。每 666.7 平方米施 46%的尿素 10 千克，64%的磷酸二铵 20 千克，50%的硫酸钾 20 千克。

②追肥。第一次追肥在 6 月中旬进行。每 666.7 平方米追 46%的尿素 8~10 千克。第二次追肥在 7 月中旬进行。每 666.7 平方米追 46%的尿素 10 千克加 64%的磷酸二铵 15 千克加 50%的硫酸钾 10 千克。第三次追肥在 8 月中旬进行。每 666.7 平方米追 46%的尿素 120~150 千克+50%的硫酸钾 10 千克。8 月中旬后至收获（10 月中下旬）不再追肥。

3）其他管理措施

①搭架。当苗高长到 30 厘米时，应及时搭架。架高要达到 100~150 厘米，最低不应低于 80 厘米。为防风可绑扎成三角架，然后将每行的各三角架用绳连成一体，两端打桩固定。

②引蔓上架。当蔓秧长到 50 厘米以上时，应及时人工引蔓上架。

③疏通三沟。在雨季到来之前，要及时挖好田间垄沟、毛沟、田边排水沟接通大沟河，即疏通内外三沟，以保证排水通畅，防止田间积水。

（5）病虫草鼠害防治。

主要病虫害有炭疽病、褐斑病、蝼蛄、蛴螬、金针虫、蚜虫。

1）防治原则

按照“预防为主，综合防治”的植保方针，坚持以“农业防治、物理防治、生物防治为主，化学防治为辅”的无害化控制原则，科学合理防治，保证生产安全的山药产品。

2）农业防治

①实行一年以上的轮作。

②阴雨天注意排涝。

③增加通透性，避免株间郁蔽高湿。

④采收后将留在地上的病残体，集中烧毁，并深翻减少越冬菌虫源。

3）物理防治

通过诱蚜黄板进行。

4）药剂防治

①炭疽病。用代森锰锌等药剂防治。

②褐斑病。用甲基硫菌灵、扑海因、波尔多液等药剂防治。

③金针虫。用辛硫磷颗粒等药剂防治。

主要病虫害防治的选药用药技术见附录。

5）除草

当田间出现杂草时，应及时人工拔除。7 月杂草丛生时，应用铲人工铲除，铲除时深度不应超过 2 厘米，以免伤根。整个生育期内禁用任何化学除草剂。

（6）采收。

1）采收时间

10 月下旬，当茎叶全部枯黄后准备采收。先从地上 20 厘米以上剪掉主茎，再抖落茎蔓上的零余子，分别拾、扫地面的枝叶和零余子。

2）采收方法

要用专用山药铣采挖，从垄的一头开始，在垄两侧沟内去土，挖长约 70 厘米、深以山药的深度而定的空间，再向两侧铲土，把山药茎块周围的土刨去，使山药整体外露，用手抓住山药垄头向上提（托）取出整薯，再依次挖取山药。

3）处理分级

块根表面不附有污染或其他外来物，无腐烂、病虫、机械伤，按一定长度分级包装，整齐度要达到 90%以上。

（7）生产废弃物的处理

农药包装袋及时放入塑料袋，统一回收，由废物处理中心进行集中处理，秸秆及落叶及时清扫，加入生物菌高温沤肥，作为有机肥使用。

（8）贮藏。

采收后，10 月下旬至翌年 3 月上旬，可采用常温（0℃以上）屋贮、沟贮，翌年 3 月下旬以后要进行 4~6℃恒温贮藏。

1）常温贮藏

在室内采用一层湿沙一层山药的办法，逐层堆积贮藏。也可采用堆积法贮藏，即底层和顶层为沙，厚约 8~10 厘米，中间堆 7~8 层山药，如空气特别干燥，最外层还应覆上薄膜以保湿。

2）恒温贮藏

入库前剔除病虫为害的块茎，并按质量标准分级。温度控制在 4~6℃，湿度控制在 80%~85%。

（9）档案与记录。

生产者需建立生产档案，记录品种、施肥、病虫草害防治、采收以及田间操作管理措施；所有记录应真实、准确、规范，并具有可追溯性；生产档案应有专人专柜保管，至少保存 3 年。

附录 A

（资料性附录）

绿色食品山药病虫害化学防治方法

防治对象	防治时期	农药名称	使用剂量	施药方法	安全间隔期天数（天）
炭疽病	6 月	80%代森锰锌可湿性粉剂	50 毫升/666.7 平方米	喷雾	≥15
褐斑病	7 月	50%扑海因	40 毫升/666.7 平方米	喷雾	≥7

（续表）

防治对象	防治时期	农药名称	使用剂量	施药方法	安全间隔期天数（天）
蝼蛄、蛴螬、金针虫	种植时	辛硫磷颗粒	1千克/666.7平方米	撒施	≥7

注：农药使用以最新版本 NY/T 393 的规定为准。

8. 绿色食品小白菜生产技术规程

（1）产地环境。

宜应选择排灌能力强、土质疏松肥沃、保水保肥能力强的壤土或沙壤土。

（2）生产技术。

1）品种选择

根据不同播种时期，选用抗病、优质、高产、商品性好的品种。

2）整地施肥

每666.7平方米施腐熟有机肥3 000千克、氮磷钾三元复合肥（15-15-15）20~30千克，深翻于15~20厘米土层中，整成平畦，畦宽1.5~2米。

3）播种方式

一般以直播为主。

4）播种期

小白菜生长周期短，可根据市场需求，随时播种，实现周年生产。早春栽培一般于12月上旬至翌年1月上中旬播种，春露地栽培一般在4月上中旬分期播种，夏季栽培一般在7月中旬分期播种，秋冬季栽培一般9—10月播种。

5）播种量

一般每666.7平方米用种500~600克。

6）播种方法

一般采用撒播，播前苗床浇透水，水渗后马上撒种，接着覆厚0.5厘米的细干土。

7）苗期管理与间苗

出苗前视土壤墒情，适当浇水，保持土壤湿润，播后2~3天即可出苗。1~2片真叶时进行第一次间苗，间除细弱苗。3~4片真叶时进行第二次间苗，苗距4厘米。间苗后及时浇水，注意轻浇勤浇，并清除杂草。

8）田间管理

①中耕除草。中耕除草与施肥相结合，一般在施肥前进行中耕松土。

②肥水管理。第二次间苗后浇水，3~4天后追肥。此后，每隔5~7天追肥一次，一般每666.7平方米施尿素10~20千克。采收前10天停止追肥。

（3）病虫害防治。

1）防治原则

按照“预防为主，综合防治”的植保方针，坚持以“农业防治、物理防治、生物防治为主，化学防治为辅”的防治原则。

2）主要病虫害

霜霉病、软腐病、蚜虫、白粉虱、斑潜蝇、菜青虫、小菜蛾。

3）农业防治

选用抗（耐）病虫、优质、高产良种；合理轮作；中耕除草、清洁田园。

4）物理防治

夏秋季用遮阳网进行避雨、遮阳栽培；露地栽培20 000~30 000平方米悬挂1盏电子杀虫灯诱杀鳞翅目害虫。

5）生物防治

可用0.6%苦参碱水剂2 000倍液，或0.5%印楝素乳油600~800倍液，喷雾防治蚜虫、白粉虱等。

6）药剂防治

①用药原则。严禁使用剧毒、高毒、高残留农药和国家规定

在绿色食品蔬菜生产上禁止使用的农药。严格按照农药使用安全间隔期用药。

②霜霉病。发病初期，可用25%嘧菌酯悬浮剂1 500倍液喷雾防治。

③软腐病。发病初期，可用53.8%的氢氧化铜干悬浮剂1 000倍液，或硫酸铜钙可湿性粉剂600倍液，喷雾防治。

④蚜虫、白粉虱、斑潜蝇。可用25%噻虫嗪水分散粒剂5 000~6 000倍液，或10%吡虫啉可湿性粉剂1 000~2 000倍液，喷雾防治，注意均匀喷洒叶背面。

⑤菜青虫、小菜蛾。可用25%灭幼脲悬浮剂2 000~2 500倍液，或10%氯虫苯甲酰胺悬浮剂1 000倍液，喷雾防治。

（4）采收。

小白菜采收期不严格，视气候条件和市场需求，从4~5片叶的幼苗到成株均可陆续采收上市。一般春夏露地20~30天采收，早春和秋冬季40~50天采收。

（5）生产废弃物处理。

对投入品包装物、秸秆等农业废弃物，采取循环利用的环保措施和方法集中处理。禁止焚烧。

（6）贮存和包装。

符合绿色食品相关规定，专库存放，温度应控制在0℃，相对湿度控制在95%~100%。

（7）生产档案。

建立绿色食品小白菜生产档案，详细记录产地环境、田间生产资料使用、生产管理、收获等情况，并保存3年以上，以备查阅。

9. 绿色食品藕生产技术规程

（1）产地环境。

产地远离工矿区和公路、铁路干线，周围5千米、主导风向的上风向20千米内无工矿污染源。选择水源充足、地势平坦、排灌便利、保水性好的地带，以土壤酸碱度为 pH 值 5.6~7.0，含盐量在 0.2%以下为佳。

（2）品种选择。

根据植物种植区域和生长特点选择适合当地生长的优质品种，选择抗病、抗虫、抗倒伏、耐热的品种。可选择适合于浅水栽培，肉质脆嫩鲜白，藕丝少而且细，纤维少、产量高、品质好的莲藕品种。如“鄂莲四号”“鄂莲五号”，地方品种“齐芽头”“大青秸”等。

禁止使用转基因种子。

（3）播前准备。

1）整地与施肥

每 666.7 平方米地注入沼液、沼渣各1 000千克，豆粕 20 千克；氮磷钾复合肥 50 千克。藕田清除田内残存物，并在栽前半个月结合施基肥进行处理，深井水灌溉，浸泡 15 天以上，达到无害化，并使有机肥充分腐熟。

2）种藕选择及消毒处理

①种藕的选择。种藕要选择具有本品种性状，藕头饱满，顶芽完整，藕身肥大，藕节细小，后把粗壮和色泽光亮的母藕或充分成熟的子藕作种；一般有 2~3 节，重 0.5 千克以上。

②种藕的保护。种藕于临栽前起挖，不要损伤顶芽。于种藕的节间处切断，切忌用手掰，以防泥水灌入藕孔而引起烂种。

③种藕的消毒。栽植前每 666.7 平方米种藕用沼液经 30 倍水充分稀释后喷洒种藕，待药液干后栽植，可防止苗期病害的发生。

3）栽植时期

栽植时间一般在 4 月下旬，池内水温保持在 5℃ 以上时进行。

4）栽植方式

栽藕的方向要交互排列，即第一株藕头向左，第二株藕头向右，使其均匀分布；藕池边的一行，藕头朝向池里，减少回藕。

种藕藕支按 10~20℃斜插入土，藕头入泥 10 厘米，藕梢翘露泥面；播种方法宜随挖、随选、随栽。

5）栽植密度

一般行距 1.5~2.0 米，穴距 1.0~1.5 米。每 666.7 平方米用种藕约 350 千克。

（4）田间管理。

1）水深调节

不同时期的田间水深分别为：定植期至萌芽阶段 5~6 厘米，开始抽生立叶至封行前 10~12 厘米，封行期至结藕期 20~25 厘米，结藕期至枯荷期 5~6 厘米，莲藕留地越冬期间 3~5 厘米。

2）施肥

①施肥原则。结合藕需肥规律，以有机肥（农家肥）为主，科学配比氮、磷、钾及微量元素肥料，减少化肥的使用量。

②施肥方式。第一次追肥在定植后 25 天左右，即第一次除草中耕后进行，这时“立叶”已开始出现，每 666.7 平方米施氮磷钾复合肥 25 千克；半月后“立叶”长出 5~6 片时第二次追肥，每 666.7 平方米施氮磷钾复合肥 25 千克；第三次追肥在“终止叶”出现时进行，这时结藕开始，称为催藕肥，每 666.7 平方米施高浓度硫酸钾复合肥 50 千克。

3）病虫草害防治

①防治原则。莲藕病虫害种类多，发生规律复杂，且莲叶表皮具蜡质等使莲藕病虫害防治的困难加大，要坚持“预防为主、综合防治”原则，按照病虫害发生特点，以农业措施为基础，综合利用物理、生物、化学等防治措施，有效控制病虫害。

②农业措施。以选用抗病虫品种为重点，通过栽培措施控制莲藕病虫害发生。一是选择抗性强的品种，选择无病虫种藕栽培；二是及时摘除虫叶、拔除病株、清洁田园杂草，减少病虫的中间寄主；三是发病重的藕田实行轮作，以水旱轮作为主，也可以不同作物轮作。发病田块需隔 5~6 年后再种植莲藕；四是施

用腐熟有机肥料，增施磷钾肥，不要单施化肥和偏施氮肥。

③生态防治。通过创造一个既有利于莲藕生长发育，又能抑制病虫杂草的生态环境，增强莲藕的抗逆能力，减少病虫草发生与为害。在加强莲藕正常栽培管理的基础上，重点做到：一是莲藕生产力求成片种植；二是在夏季高温时，应深灌或流水灌溉，做到以水调温。生长期间，以及留种的冬季都不要断水；三是清除田内浮萍，合理控制种植密度，以利田间通气，促使藕株生长健壮，提高抗病力；四是将病虫株残体彻底清除烧毁或深埋，杜绝传染源。

④物理防治。采用频振式杀虫灯、黑光灯、昆虫性诱剂、人工捕虫卵等装置控制病虫为害。

⑤生物防治。保护青蛙、燕子、蜻蜓、中华草蛉等天敌，以发挥自然控制的作用；利用藕田养鸭、养鱼控虫除草，控制莲藕基部病虫草为害。

⑥化学防治

a. 选择使用高效、低毒、低残留、与环境相容性好的农药。提倡使用生物源和矿物源农药。轮换使用不同作用机理的农药，不能随意增加农药的倍数，严格执行农药安全生产间隔期（表 6-6）。

表 6-6　藕病虫害防治

防治对象	防治时期	农药名称	使用剂量	施药方法	安全间隔期天数（天）
莲藕腐败病	播前	生石灰	150 000 克/666.7 平方米	喷雾	
	发生期	50%多菌灵可湿性粉剂	50 克/666.7 平方米	喷雾	30
莲藕叶斑病	发生前或发生初期	25%嘧菌酯悬浮剂	50~60 克/666.7 平方米	喷雾	21
蚜虫	4—5 月虫害发生初期	苦参碱 1.5%可溶性液剂	30 毫升/666.7 平方米	喷雾	10
		吡虫啉 10%可湿性粉剂	15~20 克/666.7 平方米	喷雾	14

（续表）

防治对象	防治时期	农药名称	使用剂量	施药方法	安全间隔期天数（天）
蓟马	4—5 月虫害发生初期	吡虫啉 10%可湿性粉剂	20 克/666.7 平方米	喷雾	14
		噻虫嗪 25%水分散粒剂	8~10 克/666.7 平方米	喷雾	28

注：农药使用以相关规定的最新版本为准。

b. 病害：藕田的病害较少，常见的是莲藕腐败病和莲藕叶斑病。

c. 莲藕腐败病：可在播前施生石灰 150 千克/666.7 平方米，能有效防治腐败病；发生期喷施 50%多菌灵可湿性粉剂 50 克/666.7 平方米，每 7~10 天喷施一次，连喷 2~3 次。

d. 莲藕叶斑病：在发生前或发生初期，喷施 25%嘧菌酯悬浮剂 50~60 克/666.7 平方米，每 7~10 天喷施一次，连喷 2~3 次。

e. 常见的虫害：蚜虫、蓟马，可用充分发酵的沼液经 30 倍水稀释后充分喷洒。

f. 蚜虫：喷施苦参碱 1.5%可溶性液剂 30 毫升/666.7 平方米喷雾；或吡虫啉 10%可湿性粉剂 15~20 克/666.7 平方米，喷雾 1~2 次。

g. 蓟马：喷施吡虫啉 10%可湿性粉剂 20 克/666.7 平方米，喷雾 1~2 次；或噻虫嗪 25%水分散粒剂 8~10 克，喷雾 1~2 次。

4）生长期管理

①幼苗生长期管理。从播种到第一片立叶出水，要及时清除水草，以增加透光性，充分利用光能，提高地温与水温。田间水位不可过高，一般应保持在 5~6 厘米。第一片立叶出水后，可进行适量追肥，同时自第一片立叶出水后要坚持每半月用喷雾器向植株喷水一次，直至藕叶长满藕池。

②茎叶旺盛生长期管理。这一时期主要是立叶生长、莲鞭伸

长，为坐藕打基础。

a. 水分管理：此时田间水位应保持在 20～25 厘米。需灌水时可选在晴天的午后进行，一次灌水量不可过大，应当少灌、勤灌。

b. 施肥管理："后把叶"出现以后再做适量追肥，追肥前要先放浅田水，以便充分发挥肥效。还要做好"摸地""回藕"等工作。

"摸地"：即用手对水底之泥进行耧划，可以起到松土、除草、维持水面清洁的作用，每半月一次，至荷叶长满藕池为止。除掉的杂草可埋入泥中作绿肥，特别要注意操作时不要弄断莲鞭，碰伤莲叶。定植一个月以后，及时摘去枯萎浮叶，使阳光透入水中，提高土温。当有 5～6 片"立叶"时，荷叶生长茂盛，已经封行，地下旱藕开始坐藕，不宜再下田除草。以采藕为主的藕田，因开花结子消耗养分，如有花蕾发生，应将花梗曲折，但不可折断，以免雨水由通气孔侵入引起腐烂。

"回藕"：就是把即将伸出池外的莲鞭转回来，使其向规定的方向生长。为更好地利用地力，还要把立叶多的地方的莲鞭转向少的地方。回藕一般于午后进行。生长前期每 5 天回藕一次，进入生长盛期每 2～3 天回藕一次。回藕之后在池边的荷叶上做上标记。等荷叶长满藕池时，将立叶下面的浮叶摘除，节约养分，促进结藕。

③坐藕期管理。"后把叶"出现之后即开始坐藕，保持田间水位 5～10 厘米以利坐藕。

（5）采收。

1）摘荷叶

当藕成熟达到采收标准时。在挖藕当天清早摘去一部分叶，晒干作为包装材料。一般每 666.7 平方米可产干荷叶 60 千克。

2）挖藕

白莲藕的供应期长，从小暑到第二年清明都可采收。浅水藕立秋前采收嫩藕，叶片枯黄后挖老藕，在挖前10天左右，先排水，后挖藕。

（6）生产废弃物的处理。

田间杂草、莲藕秸秆、残叶等可集中沤制有机肥还田处理。

（7）贮藏。

藕挖出后，一般不耐贮藏，冷天可贮一个月，早秋和晚春仅可贮藏10～15天，贮藏时要求藕已老熟，藕节完整，藕身带泥、无损、不断，贮藏或运输时不可堆放太厚太紧，其上覆盖荷叶及小草，经常洒水，保持凉爽湿润，避免受闷发热霉烂。

（8）档案与记录。

生产者需建立生产档案，记录藕品种、施肥、病虫草害防治、采收以及田间操作管理措施；所有记录应真实、准确、规范，并具有可追溯性；生产档案应有专人专柜保管，至少保存3年。

10. 绿色食品杏鲍菇工厂化生产技术规程

（1）产地环境。

场地应选在地势平坦、排灌方便，远离“三废”污染的地区。杏鲍菇一般采用荫棚培养。

（2）栽培设施。

1）*工厂布局*

菇场分为生产区和生活区。生产区由原料库、装袋车间、灭菌冷却车间、菌种培养室、接种室、养菌室和出菇室、产品包装室储藏室组成。接种室与培养室、养菌室与出菇室相互衔接、相互配套，并避免与原料库及装袋车间靠在一起。在满足工艺要求情况下，尽量减少运料距离和方便机械装载。

2）*菇房建造*

菇房分养菌室和出菇室两部分，单间菇房面积在50～60平方米，高度在3.5～4米，墙体结构要牢固，兼顾保温性、密闭性、通气性、安全性，配套安装制冷、加湿、控光、换气等设备；应建有健全的消防安全设施，备足消防器材；排水系统通畅且达到环保要求。

（3）生产技术措施。

1）品种选择及菌种的要求

品种选用优质、高产、抗病虫、抗逆性强适应性广、菇形均匀一致，适宜工厂化生产的品种，可从有相应资质的供种单位引种，对于商品性好的杏鲍菇菌种也可筛选优良菌丝自繁品种。

2）生产原料

以下所有培养基原料均不使用发霉、变质、腐烂料。

①原种（试管种）选用琼脂培养基，配料为琼脂、马铃薯淀粉、蔗糖，配比为10∶85∶5。

②一级菌种培养基选用小麦、蔗糖，配比为99∶1。

③二级菌种培养基选用枝条、木屑、甘蔗渣、玉米芯、麸皮、玉米粉、碳酸钙，配比为60∶10∶10∶10∶5∶4∶1。

④栽培基料选用木屑、甘蔗渣、玉米芯、麸皮、玉米粉、石灰（碳酸钙），配比为：23∶23∶23∶15∶14∶1。

3）拌料装袋

①拌料。先把预处理的培养料与其他干料混合拌匀，然后加水翻匀建堆，呈龟背形。当堆温达到70~75℃时进行翻堆，同时均匀撒入碳酸钙，手握料出水但不滴水，水分不足时补足，送入搅拌机进行充分搅拌。

②装袋。采用半自动装袋机进行装袋，选用尺寸适合的塑料袋，装料均匀，松紧适中，装好后，封牢袋口。

③灭菌。将袋料整齐摆放到灭菌车（5层），逐车推入专用灭菌箱，进行灭菌，温度调到125℃，灭菌时间5小时。

4）接种

灭菌结束后，料内温度降至28℃以下，在无菌条件下接种。

5）发菌

发菌室严格消毒后移入菌袋，培养过程中，控制室内温度21~23℃，湿度60%~70%，避光培养。前期少通风或不通风，发菌培养7天后，逐渐增加通风量。菌袋进室应定期进行检查，检出的问题菌袋在远离菇房的地区进行无害化处理。

6）栽培管理

①催蕾。将菌袋转入出菇室，开袋搔菌。控制室内温度12~15℃，空气相对湿度保持85%~95%，强光照（300~500勒克斯）。一般6~8天，形成子实体原基并分化成幼蕾。

②疏蕾。疏蕾保留2~3朵，选择向袋口伸长、菇盖圆形的菇蕾。

7）出菇管理

菇房温度控制在14~17℃，空气相对湿度保持85%~95%，每天根据生长情况进行通风，菇盖较小多通风，菇盖较大少通风，保持空气新鲜。

（4）病虫害控制措施。

1）主要防控对象

杂菌主要有木霉、青霉、毛霉、链孢霉等。病虫害主要有黄腐病、枯萎病等。害虫主要有菇蚊、菇蝇等。

2）防治原则

贯彻“预防为主、综合防治”的植保方针，坚持“物理防治为主、化学防治为辅”的控制原则。

①农业防治。选用抗病性和抗逆力强、适应性广的品种；培养料灭菌后应达到无菌状态，按照无菌操作规程接种；发菌场所保持整洁卫生、空气新鲜、降低空气湿度；发菌期定期检查，及时剔除杂菌污染袋，集中处理。

②物理防治。菇房走廊及发菌室安装30厘米×20厘米粘虫板、频振式杀虫灯、捕鼠器。菇房门口及通风口设置空气净化过滤器和防虫纱网。

发菌阶段保持培养室适宜的温度，降低空气湿度，适度通风，避光发菌。出菇期间保持菇房内不同生育期的适宜温度、空气相对湿度和光照强度，避免高温高湿、通风不良。

③化学试剂防治。茹房内外可以撒石灰消毒灭菌；防治木霉、青霉、毛霉、链孢霉等，在装袋前用50%多菌灵5 000倍液喷洒处理，安全间隔期15天。

（5）适时采收。

1）采收

当子实体伸长至10~20厘米，菌盖基本平展并中央下凹，边缘稍向下内卷，菌褶初步形成时，及时采收。采收时手握菌柄拔起，注意不要碰坏菌盖。

2）分拣包装

采收后的杏鲍菇及时送入整理分拣房（恒温室10~12℃）进行整理、分拣与包装。分拣时应将菇柄基部多余菌块及培养茎切除，达到圆润饱满。

分拣（分级）标准：按市场（细分市场）要求进行分级。一般分为特级、一级、二级、三级、四级、五级以及片菇、粒菇等。

3）贮藏

贮藏：把包装好的菇放入设定温度3~5℃，湿度50%~60%的恒温库保存，以备销售。

（6）生产废弃物的处理。

杏鲍菇废料进行堆沤发酵用作有机肥，菌袋集中收集回收至塑料加工企业，加工成塑料颗粒再利用。

（7）档案与记录。

建立详细、完整的生产档案，记录品种、施肥、病虫草害防治、采收以及菇房操作管理措施；所有记录应真实、准确、规范，并具有可追溯性；生产档案应有专人专柜保管，至少保存3年。

附录A

绿色食品金针菇病虫害化学防治方法

防治对象	防治时期	农药名称	使用剂量	施药方法	安全间隔期天数（天）
木霉、青霉、毛霉、链孢霉等	10月装袋前	多菌灵	5 000倍液	喷洒	15

11. 绿色食品茼蒿生产技术规程

（1）产地环境。

选择生态环境良好、无污染源和潜在污染源、远离工矿区和公路铁路干线，地势平坦、排灌方便、土层深厚、疏松肥沃的壤土。

（2）品种选择。

1）选择原则

结合当地气候条件、市场需求及种植时间，选择优质高产抗病、植株健壮下部叶片少、抗倒伏、商品性好的茼蒿品种。

2）品种选用

可结合当地市场需求选择优质高产、抗病抗热的光杆茼蒿品种。

3）种子处理

选择籽粒饱满、无杂质、无病虫害的茼蒿种子，播种前晒种处理。

（3）整地、播种。

1）整地

播种前，土壤深翻25~35厘米，耙平整细，作畦备播。

2）播种

茼蒿一年可播种6茬，各地可结合当地市场需求合理确定播种时间、茬次。

①播种时间。第1茬：3月1日播种、4月10日收获；第2茬：4月11日播种、5月11日收获；第3茬：5月12日播种、6月10日收获；第4茬：6月11日播种、7月10日收获；第5茬：7月11日播种、8月11日收获；第6茬：8月12日播种、9月15日收获。

②播种量。按5 000克/666.7平方米左右种子用量播种。

③播种方式。可撒播或条播，播种深度0.5~1厘米，覆土0.5~1厘米。

④播种密度。茼蒿无须间苗，控制好播种量，按167万株/666.7平方米左右留苗。具体数量根据栽培品种特性确定。

（4）田间管理。

茼蒿属于半耐寒性蔬菜，对光照要求不严，一般以较弱光照为好。属短日照蔬菜，在冷凉温和的环境下，有利于其生长，生长适温17~20℃。

1）灌溉

播种后视干湿情况浇水。采用浇灌方式，每666.7平方米用水量30吨左右。生长期可视干湿情况浇水1~3次，当株高10厘米后要谨慎浇水、以防倒伏。

2）施肥

播种前，结合整地均匀撒施腐熟厩肥（鸡粪、羊粪、牛粪、猪粪等。注意：标准化养殖场的鸡粪等不要连年大量使用，以免造成重金属在土壤中积累）土杂肥2 000千克/666.7平方米，复合肥15千克/666.7平方米，与土壤充分混匀。由于茼蒿生长期短，一次性用足基肥，生长期不再追施其他肥料。

3）病虫草害防治

防治原则：以农业防治、物理防治、生物防治为主，化学防治为辅。

①主要病虫草害。茼蒿的主要病虫害：蚜虫、斑潜蝇、叶枯

病、霜霉病。主要草害：马齿苋、灰菜、荠菜、马尾草等。主要采用人工拔除。

②农业防治措施。选用抗病抗倒伏品种；减少浇水次数、多施有机肥、少施化肥培育壮苗，增强植株抗病力；冬季休耕；结合田间管理将发病叶片或植株带出田外无害化处理等，降低病虫基数，与其他作物轮作。

③物理防治措施。悬挂黄色粘虫板、蓝色粘虫板诱杀蚜虫、斑潜蝇成虫，具体悬挂数量根据虫害发生情况确定。拱棚栽培的，放风口设置防虫网。

④生物防治措施。设置天敌栖息地、缓冲带等。保护利用天敌。

⑤化学防治措施。用药原则：优先选择生物农药、植物源、矿物源农药；化学合成农药优先选择高效、低毒、低残留农药，不同农药品种之间应交替使用。

蚜虫。70%吡虫啉可湿性粉剂 3 克/666. 7 平方米，对水喷雾防治，安全间隔期 7 天；25%噻虫嗪水分散粒剂 6 克/666. 7 平方米，对水喷雾防治，安全间隔期 28 天；50%啶虫脒水分散粒剂 2 克/666. 7 平方米，对水喷雾防治，安全间隔期 7 天。

斑潜蝇。70%灭蝇胺可湿性粉剂 10 克/666. 7 平方米，对水喷雾，安全间隔期 2 天：5%甲氨基阿维菌素苯甲酸盐水分散粒剂 5 克/666. 7 平方米，对水喷雾，安全间隔期 7 天。

霜霉病。发病初期，72%霜脲锰锌可湿性粉剂 90 克/666. 7 平方米，对水喷雾防治，安全间隔期 4 天：64%噁霜灵锰锌可湿性粉剂 100 克/666. 7 平方米，对水喷雾防治，安全间隔期 3 天。

叶枯病。发病初期，可用 70%甲基硫菌灵可湿性粉剂 50 克/666. 7 平方米，对水喷雾，安全间隔期 7 天；或 50%异菌脲可湿性粉剂 50 克/666. 7 平方米，对水喷雾，安全间隔期 7 天。

（5）采收。

当株高达 26 厘米左右时可人工收获。收获后摘除病、虫、干枯叶片，去除泥土、杂物后包装上市。

（6）生产废弃物的处理。

农药包装及时收集、交有资质的单位无害化处理；田间管理摘除的病虫叶片、植株及时带出田外销毁；初加工后的下脚料集中存放，交环卫部门集中处理。

（7）贮藏。

收获后需临时贮藏时，选择卫生、安全、阴凉、防晒、防雨、通风的临时仓库存放，防止二次污染。仓库门口设挡鼠板、仓库内部设粘鼠板、鼠夹等防鼠措施。夏季（6—9 月）临时储藏在冷库，温度保持在 2~4℃。

（8）档案与记录。

生产者建立生产管理档案，详细记载栽培的品种、整地、施肥、浇水、病虫草害防治、采收、贮藏、运输、销售等管理措施；记录真实、准确、规范，实现全程可追溯；生产管理档案应有专人专柜保管，保存期至少 3 年。

12. 绿色食品日光温室西葫芦生产技术规程

（1）产地环境。

选择生态环境良好、无污染源和潜在污染源、远离工矿区和公路铁路干线，地势平坦、排灌方便、土层深厚、疏松肥沃的壤土。

（2）茬口安排。

日光温室西葫芦每年可栽植 2 茬。第 1 茬 9 月 1 日至 12 月 31 日；第 2 茬 1 月 15 日至 5 月 31 日，一般定植后一个多月开始收获。

（3）品种选择。

1）选择原则

结合当地气候条件、市场需求选择优质高产、抗病、抗病毒、耐寒、耐热、商品性好的品种。

2）品种选用

可结合当地市场需求选择优质高产抗病、抗病毒的法拉丽等品种。

3）种子处理

①温汤浸种。将种子在 55℃温水中，不断搅拌至 30℃，继续浸泡 6~8 小时，将种子搓洗干净后催芽。

②药剂消毒。用 50%的多菌灵可湿性粉剂 500 倍液浸种 20~30 分钟，清水洗净后在 30℃水中浸泡 6~8 小时后催芽。

③催芽。将处理好的种子用干净湿布包好，在 25~30℃的条件下催芽，每天用 30℃的水冲洗 1~2 次，70%以上种子露白后播种。

（4）育苗。

1）播种

采用育苗盘营养土育苗。将基质或营养土装入育苗盘密排于育苗床上，浇透水，待水渗后，将种子播入，每穴 1 粒，覆土 1.5~2 厘米。

2）苗床管理

播种后至出苗，白天适宜温度 25~30℃，夜间适宜温度 16~18℃；出苗后至定植前，白天适宜温度 20~25℃，夜间适宜温度 10~15℃；定植前 4~5 天进行低温炼苗。苗出土后，一般不浇水。

（5）整地。

播种前，将前茬残留的秸秆、杂物清理干净，撒施腐熟农家肥5 000千克/666.7 平方米、复合肥 50 千克/666.7 平方米，土壤深翻 30~35 厘米，耙平整细，做 1.5 米宽的畦以备定植。

（6）田间管理。

1）定植

①定植时间。当苗子长出 3~4 片真叶时开始定植。

②定植密度。为便于管理，采用大小行定植。大行 80 厘米、

小行 70 厘米，株距 50～60 厘米，一般 1600 株/666.7 平方米左右。

③定植方式。选晴天按种植行距开沟坐水栽苗。

2）定植后管理

①温度管理。定植后 5～7 天内一般不放风，如果气温超过 30℃时，可在温室屋脊开放风口，少量放风。缓苗结束后，白天温度控制在 20～25℃，最高不要超过 30℃；夜间，前半夜 13～15℃，后半夜 10～11℃。植株坐果后，白天温度可适当提高到 25～29℃，夜间温度控制在 15～20℃。冬季低温弱光时，白天温度保持在 23～25℃，夜间在 10～12℃。连续阴天、雨雪天过后，因光照恢复，棚内温度要逐渐上升，不宜骤然升温，最高温度不要超过 30℃，白天保持在 25～28℃，夜间在 15～18℃。

②光照管理。采用无滴薄膜覆盖。冬季在日光温室后墙内侧张挂反光膜，增加棚内光照强度。经常清扫薄膜上的碎草和尘土，保持棚膜的整洁，增强透光性。

③灌溉。定植后浇水一次。采用浇灌方式，每 666.7 平方米用水量 30 吨左右。生长期可视干湿情况浇水 6～8 次，根据季节、视干湿情况每 10～20 天浇水一次。

④施肥。基肥：结合整地施足基肥，为整个生长期提供基础营养。追肥：根瓜采收后，随水冲施复合肥（15-15-15）10 千克/666.7 平方米。以后结合浇水，隔一水冲施 1 次尿素 5 千克/666.7 平方米。结瓜期视长势情况，结合浇水冲施 1～2 次硫酸钾 5 千克/666.7 平方米。

⑤授粉。一般在上午 8—10 时雌花开放时，将雄花摘下，去掉花瓣，把整个雄蕊直接对放在雌花柱头上，进行人工辅助授粉。

⑥植株调整。西葫芦开始以主蔓结瓜为主，及早摘除侧枝，一般两个节留一个瓜比较适宜。生长后期，中下部叶片老化，植株长势较弱，应将中下部叶片摘除，选择上部 1～2 个侧枝，打

顶后代替主蔓结果。整个生育期及时打杈，摘掉畸形瓜、卷须及老叶，疏掉过多的雌雄花和幼果。

⑦病虫草害防治。防治原则：以农业防治、物理防治、生物防治为主，化学防治为辅。主要病虫草害：日光温室西葫芦的主要病虫害：蚜虫、烟粉虱、斑潜蝇、细菌性角斑病、霜霉病、灰霉病、病毒病、白粉病。主要草害：马齿苋、灰菜、荠菜、马尾草等。杂草主要采用人工拔除。

农业防治措施。选用抗病虫、抗病毒品种；减少浇水次数、多施有机肥、少施化肥培育壮苗，增强植株抗病力；夏季休耕高温闷棚灭菌、灭虫、结合田间管理将发病叶片或植株带出田外无害化处理，降低病虫基数，与非瓜类作物轮作。

物理防治措施。悬挂黄色粘虫板、蓝色粘虫板诱杀蚜虫、烟飞虱、斑潜蝇成虫，具体悬挂数量根据虫害发生情况确定。放风口设置防虫网。

生物防治措施。设置天敌栖息地、缓冲带等。保护利用天敌。白粉虱、蚜虫发生初期，可释放丽蚜小蜂防治，一般每棚释放 2~3 箱。

化学防治措施。用药原则：优先选择生物农药、植物源、矿物源农药；化学合成农药优先选择高效、低毒、低残留农药，不同农药品种之间应交替使用。

蚜虫、烟飞虱。70%吡虫啉可湿性粉剂 3 克/666.7 平方米，对水喷雾防治，安全间隔期 7 天；25%噻虫嗪水分散粒剂 6 克/666.7 平方米，对水喷雾防治，安全间隔期 28 天；50%啶虫脒水分散粒剂 2 克/666.7 平方米，对水喷雾防治，安全间隔期 7 天。

斑潜蝇。70%灭蝇胺可湿性粉剂 10 克/666.7 平方米，对水喷雾，安全间隔期 2 天：5%甲氨基阿维菌素苯甲酸盐水分散粒剂 2 克/666.7 平方米，对水喷雾，安全间隔期 7 天。

霜霉病。发病初期，72%霜脲锰锌可湿性粉剂 90 克/666.7 平方米，对水喷雾防治，安全间隔期 4 天：64%噁霜灵锰锌可湿性粉剂 100 克/666.7 平方米，对水喷雾防治，安全间隔期 3 天。

灰霉病。发病初期，可用 50%异菌脲可湿性粉剂 50 克/666.7 平方米，对水喷雾，安全间隔期 7 天。80%嘧菌酯水分散粒剂 10 克/666.7 平方米，对水喷雾，安全间隔期 5 天。

病毒病。发病初期，可用 13.7%苦参 · 硫黄水剂 10 毫升/666.7 平方米，对水喷雾防治，安全间隔期 3 天。防治好蚜虫、清洁田园可减轻发病。

细菌性角斑病。发病初期，可用 3%中生菌素可湿性粉剂 80 克/666.7 平方米，对水喷雾防治，安全间隔期 8 天；或 2%氨基寡糖素水剂 5 克/666.7 平方米，对水喷雾防治。

白粉病。发病初期，可用 50%嘧菌酯悬浮剂 17 克/666.7 平方米，对水喷雾防治，安全间隔期 7 天。

（7）采收。

当瓜条长到 250 克左右时可人工收获。收获后去除泥土、杂物后包装上市。

（8）生产废弃物的处理。

农药包装及时收集、交有资质的单位无害化处理；田间管理摘除的病虫叶片、植株及时带出田外销毁；初加工后的下脚料集中存放，交环卫部门集中处理。

（9）贮藏。

收获后需临时贮藏时，选择卫生、安全、阴凉、防晒、防雨、通风的临时仓库存放，防止二次污染。仓库门口设挡鼠板、仓库内部设粘鼠板、鼠夹等防鼠措施。

（10）档案与记录。

生产者建立生产管理档案，详细记载栽培的品种整地、施肥、浇水、病虫草害防治、采收运输、销售等管理措施；记录真实、准确、规范，实现全程可追溯；生产管理档案应有专人专柜保管，保存期至少 3 年。

13. 绿色食品葡萄生产技术规程

（1）选址建园。

1）产地环境

应选择交通便利、远离（3 千米以上）污染源、生态环境良好的地方建园。园区地形开阔、阳光充足、通风良好；距离水源较近，有灌溉条件。园地土壤肥沃，质地疏松，地下水位在 0.8 米以下，pH 值 6.5~7.5。

2）园地整治与规划

园地种过多年苹果、桃或葡萄，需要对土壤进行消毒，并应种植 2 年豆科作物后再建园；园地坡度在 20°以上时，必须修筑水平梯田。

应根据栽培面积、自然条件和架式等，对葡萄园的作业区、品种配置、道路、防护林、土壤改良措施、水土保持措施、排灌系统等进行系统规划。

山坡丘陵地建园，要重视水土保持；排灌系统规划要与道路规划相结合；风害较大的地方要设置防护林，防护林主林带应与当地的主风向垂直。

3）品种选择

品种选择应综合考虑气候特点、土壤特点、品种特性（抗逆性、成熟期、产量和品质等）以及市场、交通和社会经济等综合因素，按照“抗性是前提、产量是基础、品质是关键”的原则确定品种，如选择巨峰、藤稔、京亚、夏黑、红地球、美人指、无核白鸡心、矢富罗莎、维多利亚等。

4）架式选择

主要以小棚架和自由扇形篱架为主，也可采用单干双臂篱架和“高宽垂”T 形架等；早熟品种可选用篱架，晚熟品种宜选用小棚架。在冬季温度较低的地区，应选用棚架、小棚架和自由扇形篱架，以便于埋土防寒。

5）苗木要求

建园用苗木要保证植株健壮、分枝多、根系发达、无病虫害和明显伤害；应尽量采用砧木嫁接苗或脱毒苗木。定植前用3~5波美度的石硫合剂或1%的硫酸铜对苗木消毒。

6）苗木栽植

①栽植时间。从葡萄落叶后至第2年春季萌芽前均可栽植。

②栽植密度。应依据品种、砧木、土壤和架式等确定栽植密度，适当稀植。一般水平棚架株行距为（0.5~1.0）米×（3.5~4.0）米；自由扇形和单干双臂篱架株行距为（0.8~1.5）米×（2.0~2.5）米；高宽垂T形篱架株行距为（1.0~1.5）米×（2.5~2.5）米。

③栽植模式。在平地、山地和沙荒地应采用平畦栽植，在地下水位高或易发生涝害的低洼地块应采用高畦栽植。在平地应沿南北行向栽植；在山坡地沿等高线栽植。

④栽植技术。栽植前应对园地深翻，并按照每666.7平方米施有机肥3 000~4 000千克、磷肥100千克进行改土培肥；然后挖宽0.8~1.0米，深0.8~1.0米的定植坑或定植沟，将苗木放入、覆土；当覆土一半时，向上轻提苗木，使根系向四周舒展，再覆土踏实，最后灌足定根水；为增温保湿，可在定植后覆盖地膜。

（2）土肥水管理。

1）土壤管理

①生草与间作。生草主要是在行间自然生草或人工种草，行内通过覆盖或人工拔除来控制杂草，即行间种植低矮的豆科绿肥，如三叶草、大豆、毛叶苕子、扁叶黄芪等，每年刈割2~3次，割后翻入土中或覆盖于行内。

②地面覆盖。未进行生草与间作的葡萄园，可在春季整地后进行地面覆膜。幼树每株铺一块约50平方厘米的地膜；成年葡萄园可顺栽植行覆膜，宽度1.0米左右。也可将铡成小段作物秸

秆、树皮或锯末等覆盖在葡萄根系分布区，覆草厚度 15～20 厘米。

③中耕除草。未进行生草、间作与覆盖的葡萄园，应在 5—9 月进行中耕除草，深度 10～20 厘米，全年 4～8 次，特别是浇水或雨后要及时中耕。

④深翻耕。每年果实采收后，应结合秋施基肥将栽植穴外的土壤深翻，深度 30～40 厘米；深翻施肥后及时灌水。春季土壤化冻后及早进行春耕，春耕深度比秋季深翻浅。

2）施肥管理

①施肥原则。肥料使用必须满足葡萄对营养元素的需要，使足够数量的有机物质返回土壤，以保持或增加土壤肥力及土壤生物活性。所施用的肥料不应对果园环境和果实品质产生不良影响；应以施用腐熟的有机肥为主，配施少量氮、磷、钾化肥，无机氮素施用量不能超过当地同种作物习惯施用量一半；多施基肥，适时追施。

②肥料种类。可以使用厩肥、堆肥、沤肥、沼气肥、绿肥、作物秸秆肥、泥肥、饼肥等农家肥料，也可以使用商品有机肥、腐植酸类肥、微生物肥、有机复合肥、无机（矿质）肥、叶面肥等商品有机肥料。

在上述两类肥料不能满足需要时，可适量使用化学肥料，但限制使用氮素化肥和含氯复合肥，禁止使用硝态氮肥，并且化肥必须与有机肥配合施用，有机氮与无机氮之比不超过 1∶1。化肥应与有机肥、复合微生物肥配合施用；最后一次追肥必须在收获前 30 天进行。

严禁施用未腐熟的人粪尿和饼肥。所施用矿质肥料要满足砷（As）含量≤0.004%、镉（Cd）含量≤0.01%、铅（Pb）含量≤0.002%的要求。

3）施肥时期和方法

①施基肥。一般于果实采收后（9—11 月）施基肥，以有机

肥为主，每666.7平方米施用有机肥3 000~4 000千克，并配施50千克磷肥；顺行离树干50厘米处开条形沟施入，沟深40~60厘米。

②追肥。一般在萌芽前主要追施富含氮磷的肥料，在果实膨大期和转色期主要追施富含磷钾的肥料。根外追肥主要喷施0.3%~0.5%的尿素、0.2%~0.3%磷酸二氢钾、1%~3%的过磷酸钙溶液，或液体有机肥，最后一次根外追肥应距采收期20天以上。在微量元素缺乏地区，应根据缺素症状增加所追施肥料的种类，如萌芽前喷施3%的硫酸锌，开花前喷0.05%~0.1%的硼酸溶液。

4）水分管理

在萌芽期、新梢生长期、浆果膨大期需要良好的水分供应，保证根区土壤相对含水量维持在75%左右；在浆果上色至成熟期应当控制灌水；在越冬前，应灌一次封冻水。灌溉水源要清洁。在降水量过多的时节以及低洼易积水的园地，应及时排水防涝。

（3）树体管理。

1）冬剪留芽量

冬季修剪时，根据计划产量确定留芽量：留芽量=计划产量/（平均果穗重×萌芽率×果枝率×结实系数×成枝率）。

2）结果母枝选留

①冬季修剪时应选留充分成熟、枝体曲折延伸、节间较短、节部凸出粗大、芽眼饱满、鳞片紧、枝横断面较圆、木质部发达、髓部小、组织致密以及无病虫害的枝蔓作为结果母枝。

②应根据品种特性、架式特点、树龄、产量等确定结果母枝剪留数量及更新方式；采用篱架栽培的葡萄，每平方米架面剪留8个左右的结果母枝，采用棚架栽培的，每平方米架面剪留6个左右的结果母枝；在选留的芽前1~1.5厘米处剪截。

③以中梢修剪为主，结合长梢修剪，剪去未成熟枝、细弱枝

和病虫枝。

3）夏季修剪

①在葡萄生长季节，采用抹芽、定枝、新梢摘心、副梢处理等措施对树体进行整形控制。

②第一次抹芽在葡萄萌芽后芽长到 1 厘米左右时进行，抹去主蔓基部 40~50 厘米以下无用的芽、结果母枝上发育不良的基节芽以及双芽和三芽中的瘦弱芽，保留粗大而扁的芽；第二次抹芽在芽长出 2~3 厘米至展叶初期进行，抹去无生长空间的瘦芽、结果母枝前端无花序和基部位置不当的芽。

③新梢长至 10~15 厘米时，选留有花序的中庸健壮结果新梢，抹去过密的发育枝，使大果穗品种结果枝与营养枝之比达到 2∶1，小果穗或坐果率偏低的品种达到 3∶1 或 4∶1。

④对于结果新梢长势较旺、落花落果严重的品种，于开花前 3~5 天在花序上方留 5~6 片叶摘心；对于结果新梢长势中庸、坐果率较高的品种，于初花期在花序上方留 4~5 片叶摘心；对于结果新梢长势较强、花序较大、坐果率较高、果实容易日烧的品种，于开花期或花后在花序上方留 7~9 片叶摘心。对营养新梢，在开花期或花后留 10~12 片叶摘心。

⑤及时处理副梢，调节架面叶幕，确保通风透光。对于新梢顶部 1~2 个副梢，留 5~6 片叶摘心；对于中部副梢，留 1 片叶摘心，同时除去副梢腋芽；对于下部副梢，全部抹除。

4）绑缚与防寒

早春将结果母枝均匀绑缚在架面上。在冬季温度较低的地区，应于修剪后封冻前葡萄枝蔓下架后及时培土防寒，浇封冻水。

（4）花果管理。

1）疏花序

在能辨别花序数量和优劣后应及时进行疏花序，主要疏除位置不当、分布较密和发育较差的花序；一般粗壮枝留 1~2 个花序，中庸枝留 1 个花序，细弱枝不留花序。

2）修整花序

修整花序与疏花序的工作应同时进行。果穗较小、穗形较好的品种，对果穗稍加整理即可；果穗较大、副穗明显的品种，应及早除掉副穗，并掐去穗尖（占穗长的 1/5~1/4）；特大的果穗还应疏除上部的 2~3 个支穗。

3）疏果粒

在坐果后至硬核前能分辨大小果时，应及时疏除畸形果、小粒果、病虫果和过密的果粒，使采收时果穗重量在 400~500 克；一般在果粒达到绿豆粒大小和黄豆粒大小时分两次进行疏果粒。

4）果实套袋

①疏果后及早进行套袋。套袋时间一般在花后 20 天，即生理落果后。应在晴天套袋，并避开露水和高温时段；如遇连雨天，应待天晴后天气稳定 2~3 天再行套袋。

②套袋前 1~2 天应将果袋置潮湿处，使其返潮、柔韧，同时全园喷一遍高效、低毒杀菌剂和杀虫剂，药剂干后及时套袋。

③套袋时一只手托住果袋，另一只手撑开袋口，使袋体膨起、袋底两角通气放水孔张开；然后袋口向上套入果穗，使果柄置于果袋柄口的基部，从两侧折叠袋口，用铁丝扎紧，使幼穗处于袋体中央，在袋内悬空。

④对于黄色品种、白色品种和易着色的品种，可在果实采收前 3~4 天除袋，其他品种一般在果实采收前 10~15 天除袋。为了避免高温伤害，摘袋时不要将纸袋一次性摘除，应先打开果袋底部，5~7 天后再将果袋全部摘除。

（5）果实采收、包装和贮运。

1）果实采收

根据果实的成熟度和市场需求分期采收。应在晴天露水干后进行采收，采收时一只手托住果穗，另一只手用圆头剪刀将果穗从贴近母枝处剪下，要轻拿轻放，避免对果实造成机械损伤，同时剔除烂果、病果和不饱满果粒，再根据大小、着色程度等指标，进行分级。

2）果实包装

在包装箱上明确标明绿色食品标志、产品名称、数量、品种、产地、包装日期、保存期、生产单位、执行标准代号等内容。

3）运输

装运时应轻装、轻卸，严防机械损伤；运输工具应清洁、卫生、无污染；采用公路汽车运输应严防日晒雨淋，采用铁路或水路长途运输应注意防冻和通风散热。

4）贮藏

①需进行长期贮藏的葡萄必须进行预冷，在短时间内把葡萄温度降到0~1℃；存放场所应阴凉、通风、清洁、卫生，严防日晒、雨淋、冻害及有毒物质和病虫害污染；长期贮存应进行冷藏。

②长中期贮藏保鲜，应在常温库和恒温库中进行，库温保持在0~1.5℃，相对湿度90%~95%。不得与有毒、有异味物品一起贮藏，并采用绿色保鲜剂处理，库内堆码应保证气流均匀地通过，出售时应基本保证果实原有的色、香、味。

（6）有害生物防治。

1）防治原则

从整个果园生态系统出发，综合运用各种措施，积极改善生态条件，创造不利于有害生物孳生而利于天敌繁衍的环境；按照有害生物的发生规律和经济阈值，优先使用农业防治措施，尽量使用物理防治和生物防治措施，必要时可采用药剂防治技术，但所选药剂要高效、低毒、低残留，并且交替用药，严格执行安全间隔期。

2）农业措施

选用抗性强的优良品种，栽植抗性砧嫁接苗木或优质无病毒苗木。控制栽植密度，及时清园和修剪，改善通风透光条件；清洁葡萄园，及时剪除病虫果枝、病僵果，清除枯枝落叶，刮除老蔓老翘裂皮，并带出果园集中焚烧或深埋。加强土壤和树体管理，控制负载量，增强树势，提高树体抗病能力。保护天敌，营建适合天敌的栖息场所。

3）物理防治

采取避雨、套袋等技术减少病害发生；在成虫发生为害期，使用频振式杀虫灯、黑光灯、糖醋液、粘虫板等诱杀害虫；对发生量少、分布集中或具假死性的害虫可人工捕杀。在葡萄果实成熟期，用防鸟网、稻草人、电驱鸟器、驱鸟剂等方式驱赶鸟类，防止啄食果实。

4）生物防治

保护和利用当地主要的有益生物，人工释放赤眼蜂，助迁和保护瓢虫、草蛉、捕食螨等天敌；应用有益微生物及其代谢产物防治病虫害；利用昆虫性外激素诱杀或干扰成虫交配。

5）药剂防治

①在有害生物发生较严重且其他措施未能有效控制时，根据防治对象的生物学特性和为害特点，允许使用中等毒性以下的植物源农药、动物源农药和微生物源农药，允许使用硫制剂和铜制剂，可以有限度地使用部分低毒有机合成农药，但有机合成农药在一个生长季内只能使用一次。

②禁止使用剧毒、高毒、高残留或有三致毒性（致癌、致畸、致突变）的农药。

③应加强病虫害的预测预报，有针对性适时用药，未达到防治指标或益虫与害虫比例合理的情况下不使用农药。

④应根据保护天敌和安全性要求，合理选择农药种类、施用时间。

6）有害生物综合防治

参见附录A。

（7）生产档案管理。

在生产过程中应当建立完整的生产档案记录，生产档案记录保存期限不得少于 2 年。

附录 A

（资料性附录）

绿色食品葡萄有害生物综合防治方法

A. 1 休眠期（1—3 月）

清除枯枝落叶，并结合冬剪，剪除病虫枝梢、病僵果，刮净老蔓粗翘皮，集中烧毁或翻土深埋，消灭越冬的有害生物。

A. 2 萌芽至开花前（4—5 月）

A. 2. 1 在葡萄芽萌动前，全园喷施 3～5°Bé 石硫合剂或多硫化钡 400 倍液，重点防治白腐病、黑痘病、炭疽病、霜霉病、白粉病等；在葡萄芽豆粒大时，喷 0. 5°Bé 石硫合剂，消灭越冬有害生物。

A. 2. 2 在葡萄芽萌动时，喷 1∶0. 7∶（200～240）的波尔多液，防治黑痘病、穗轴褐枯病；根据虫害情况在葡萄根际土中灌施白僵菌制剂，防治金龟子幼虫（蛴螬），同时人工捕杀金龟子成虫。

A. 3 花后至幼果期（5—6 月）

用 80%代森锰锌 800 倍液，与 1∶0. 7∶（200～240）的波尔多液交替喷施 1～2 次，重点防治黑痘病、穗轴褐枯病等；如果白粉病较重时加喷 25%甲霜灵 500～600 倍液或三唑酮乳油 1 500倍液。

A. 4 幼果期（6—7 月）

喷施 80%代森锰锌 800 倍液，或 25%甲霜灵 500～600 倍液，或 15%三唑酮可湿性粉剂 1 500倍液，与 1∶0. 7∶（200～240）的波尔多液交替使用，每隔 10～15 天喷 1 次，重点防治黑痘病、炭疽病、房枯病、白腐病。如发现病穗、病果要剪除，集中深埋，然后喷波尔多液。如有二星叶蝉为害，可在第1代若虫发生期喷洒10%吡虫啉可湿性粉剂4 000~6 000倍液。

A. 5 浆果成熟期（7—9月）

喷施77%氢氧化铜可湿性粉剂600~800倍液，或80%代森锰锌800倍液，与1：0. 7：（200~240）的波尔多液交替使用，间隔10~15天喷1次，重点防治炭疽病、白腐病、霜霉病。采果前30天禁用化学合成农药。

A. 6 果实采后期（9—12月）

果实采收后，全园喷施2次1：0. 7：（200~240）倍的波尔多液，间隔期为15~20天。落叶后，清扫落叶，清除病虫果，集中烧毁或深埋，并全园喷施5°~6°Bé的石硫合剂。

14. 绿色食品苦瓜生产技术规程

（1）园地环境及栽培茬次。

园地应选择生态环境良好、无污染的地区，远离工矿区和公路、铁路干线，避开污染源。应在与其他非绿色食品生产区域间设置有效缓冲带或物理屏障，以确保绿色食品生产基地不受到外来污染。大气、灌溉水、土壤应符合绿色食品生产要求。

山东地区露地苦瓜栽培一般2月上、中旬播种育苗，4月中、下旬定植。

日光温室保护地栽培9月上旬至10月上旬播种，10月下旬至11月中旬定植。

（2）品种选择。

选择抗病、抗逆性强，耐低温、弱光，优质、高产、商品性好、适合市场需求的品种。

（3）育苗。

1）种子处理

将精选种子在55℃的温水中浸种20~30分钟，不断搅拌，待水温降至30℃时停止搅拌，浸泡10~12小时，再用清水洗去黏液，沥水后用湿布包裹，置于28~32℃条件下催芽。60%~70%种子出芽时即可播种。

2）营养土或基质准备

育苗床土为50%园田土和50%腐熟农家肥（体积比），每立方米床土再加尿素50克、磷酸二铵25克，均匀过筛后，平铺在苗床上，厚度8~10厘米。

3）播种

播种前将苗床浇透水，将经过催芽的种子按8~10厘米见方的密度，均匀撒于苗床内，覆细土2~2.5厘米的过筛细土。

4）苗床管理

播种后苗床适宜温度白天气温30~35℃，夜间20~25℃，3~5天可出苗。出苗后白天温度控制在20~25℃，夜间15~20℃。

5）壮苗标准

子叶完好，茎粗壮，叶色浓绿，根系发达，无病虫害，无机械损伤。4~5片真叶，株高10~12厘米，根系发达，苗龄35~40天。

6）整地、施肥

日光温室栽培定植前10~15天，每666.7平方米施用腐熟的农家肥7 000~8 000千克，氮磷钾三元复合肥（15-15-15）40~50千克，按80~100厘米行距起垄。

7）定植

选择晴天上午定植。先在垄上开沟，顺沟浇透水，趁水未渗下按35~45厘米的株距放苗，水渗下后封沟。露地采用平畦栽培，畦宽130~150厘米，每畦2行，株距50厘米，栽植方法同日光温室。定植4~5天后，视土壤墒情和天气情况浇缓苗水。

（4）田间管理。

1）温湿度管理

日光温室越冬茬苦瓜栽培定植后白天温度保持25~30℃，夜间 18~20℃，缓苗后适当降低 2~3℃；在进入结瓜期，室温须按变温管理。深冬季节（即 12 月下旬至 2 月中旬）室内气温达 30℃以上时可放风。深冬季节外界温度低，可在晴天揭苫后或中午前后短时放风，以散湿、换气。进入 2 月下旬后，气温回升，苦瓜进入结瓜盛期，白天保持温度 28~30℃，夜间 13~18℃，温度过高时及时放风。当夜间室外温度达 15℃以上时，不再盖草苫，可昼夜放风。

2）肥水管理

露地栽培浇水结合追肥，中耕除草。旱季一般 5~10 天浇水一次，雨季不浇水，并要注意排水防涝。

日光温室越冬茬栽培水分管理以控为主，如苦瓜植株表现缺水现象，可在膜下浇小水，下午提前盖苫，次日及以后几天加强放风。定植至坐瓜前，可用 0.2%磷酸二氢钾加 0.2%尿素叶面追肥一次。

进入结瓜盛期后，苦瓜需肥水量增加，根据生长势，应结合浇水每 20~15 天按每 666.7 平方米冲施硫酸钾型氮磷钾三元复合肥（15-15-15）15~20 千克。结瓜后期可叶面喷施 0.2%~0.3%的磷酸二氢钾，以防植株早衰。

3）植株调整

苦瓜蔓长 30~60 厘米时要搭架，架式可根据栽培所采用的品种、植株生长强弱以及分枝情况来定。苦瓜蔓长，生长旺盛，分枝力强的品种以搭棚架为好；生长势弱，蔓较短的早熟类型品种以搭“人”字架或篱笆架为好。在苦瓜蔓上架之前，要注意随时摘除侧蔓，将蔓引到架上，且及时绑扎。

苦瓜以主蔓结瓜为主，保护地栽培要及时摘除侧蔓；露地栽培视栽培密度大小整枝。及时摘除病叶、老叶。

（5）病虫害防治。

1）防治原则

坚持“预防为主，综合防治”的植保方针，采取优先使用农业、物理和生物防治措施。

2）主要病虫害

有猝倒病、炭疽病、灰霉病、病毒病、白粉病、白粉虱、蚜虫、美洲斑潜蝇等。

3）农业防治

针对当地主要病虫发生和连作情况，选用有针对性的高抗多抗品种。培育适龄壮苗，提高抗逆性；通过放风、增强覆盖、辅助加温等措施，控制各生育期温湿度，避免生理性病害发生；增施充分腐熟的有机肥，减少化肥用量；清洁田园（棚室），降低病虫基数；及时摘除病叶、病果，集中销毁。

4）物理防治

设防虫网，以 40 目防虫网为宜。棚内悬挂黄色粘虫板诱杀白粉虱、蚜虫、美洲斑潜蝇等害虫，每 666.7 平方米 30~40 块。

5）生物防治

可用 0.6%苦参碱水剂 2 000倍液，或 1.5%除虫菊素水乳剂 2 000倍液，或 25%噻虫嗪 1 000倍液喷雾防治蚜虫。

6）化学防治

只能使用绿色食品农药使用准则规定的农药，并严格控制各种农药安全间隔期。具体防治措施及方法详见附录 A。

（6）采收。

果实达商品成熟时，在严格按照农药安全间隔期前提下，及时采收。

（7）生产废弃物的处理。

定期清理生产园地，拾捡并清除农药包装袋、病腐植株，防止污染环境。

（8）档案记录。

建立绿色食品苦瓜生产档案，应记录产地环境条件、土肥水管理、病虫害防治等关键生产内容，以及销售记录。记录须保存 3 年以上。

附录A
(资料性附录)

绿色食品苦瓜病虫害化学防治方法

防治对象	防治时期	农药名称	使用剂量	施药方法	安全间隔期天数（天）
猝倒病、立枯病	苗期发病初期	80%代森锰锌可湿性粉剂	156~175克/666.7平方米	喷雾	15
灰霉病	发病初期	50%腐霉利可湿性粉剂	67~100克/666.7平方米	喷雾	14
	发病初期	50%异菌脲悬浮剂	75~100克/666.7平方米	喷雾	7
病毒病	病发前或病发初期	2%氨基寡糖素水剂	160~270毫升/666.7平方米	喷雾	7
白粉病	发病初期	30%氟菌唑可湿性粉剂	15~20/666.7平方米	喷雾	2
白粉虱	虫害发生初期	100克/升吡丙醚乳油	47.5~60毫升/666.7平方米	喷雾	7
蚜虫、美洲斑潜蝇	虫害发生初期	25%噻虫嗪水分散颗粒剂	4~8克/666.7平方米	喷雾	5
	发生初期	70%啶虫脒水分散粒剂	2~4克/666.7平方米	喷雾	10

注：农药使用以最新版本绿色食品农药使用准则的规定为准。

15. 绿色食品金针菇生产技术规程

(1) 产地环境。

场地应选在地势平坦、排灌方便、远离“三废”污染的地区，其环境空气质量、土壤质量等自然条件应符合绿色食品产地环境质量要求。

(2) 品种选择及菌种制作。

1) 品种选用

选用经过出菇试验、适于当地气候及原料特点的优质、高产、抗逆性强、商品性好的金针菇品种。

2）菌种质量及环境要求

金针菇成品母种要求菌丝健壮、整齐、生长旺盛、粉孢子少、菌落均匀，在22~25℃适温及最适pH值5~6的条件下10天左右菌丝长满斜面；原种应菌丝粗壮、洁白、有浓密的细粉状菌丝；生产种要求生活力强，不带病、虫和杂菌，菌龄适宜，无老化现象。

3）菌种制作

一级种培养料用PDA复壮培养基。经高压（121℃，1kg/cm^{2}压力下）灭菌30分钟，摆斜面，冷却后，在无菌条件下接种。二级种培养料用玉米芯、麸皮，辅以经检验合格的石膏等配料（玉米芯80%、麦麸18%、石膏1%、红糖0.5%、水1.2倍），用500毫升装的罐头瓶经高温高压灭菌1.0~1.5小时，冷却后用准备好的一级种在无菌条件下接种，待培养基降到20℃左右接种最好。接种后应立即移入培养室，培养室要求保持清洁干燥，湿度60%左右，温度20℃左右。因为瓶内培养基菌丝产生发酵热，使瓶中温度通常比室温高2~3℃．这时菌丝发育适温恰好是23℃，暗光培养22~25天菌丝长满菌瓶，剔除污染和生长不良的后备用。

（3）栽培技术要求。

1）栽培料的选择

采用熟料袋栽的形式，选用新鲜无霉变的玉米芯、麸皮、磷酸二氢钾、麸皮、红糖。

2）培养料配方

配方玉米芯80%，麸皮18%，磷酸二氢钾0.5%，红糖0.5%，石膏1%，水（料：水=1：1.2）。

3）拌料

玉米芯经暴晒后粉碎成豆粒大小，再按配方将玉米芯、麸皮、磷酸二氢钾等混合均匀，将石膏、红糖等溶于水中，与水一起加入混匀的培养料中，拌料、堆制。料的含水量控制在65%～70%，pH值6～7，当堆内温度达到65～70℃时进行翻堆，共计翻4次，翻堆时若水分不足要补充水分，必须把水加入调匀，以用手紧握培养料、手指缝能溢出水且不下滴为宜，然后装袋。

4）制袋

栽培袋选用18厘米×33厘米×0.04厘米高密度聚丙烯塑料筒料。因为这种袋子比较耐寒，冬季不易破损。而且管理方便，出菇质量好。先将一头用塑料绳扎紧，将料装到袋的12～15厘米高为好。把料面压平，用20厘米长塑料绳扎紧，培养料应在6小时内装袋完毕。然后送入灭菌灶进行常压灭菌。

5）灭菌

灭菌时应把料袋系口向下竖立在箅子上，一层压一层的直到装满灶仓，封住灶门。先用猛火烧至料温达到100℃保持15小时。待冷却后袋温降到28℃以下时，便可送入接种室进行接种。

6）接种

用选好的菌种在无菌条件下接菌，一般无菌操作规程是：接种室或接种箱用紫外线灯杀菌30分钟后进行接种。接种人员必须用75%酒精进行消毒，再进行无菌操作。

7）菌丝培养

采用两头接菌，接菌量要覆盖住栽培袋两端培养料的表面，然后在培养室培养，培养温度控制在25℃左右，空气湿度在75%以下，避光培养。每天通风2次，每次30分钟，菌丝一般25天左右长满菌袋再进行菌丝后熟培养，一般控制在5～10天，25℃的恒温黑暗环境中进行。

8）出菇管理

金针菇出菇前必须搔菌，就是去除老菌种块和菌皮。最好采用平搔法，这样不伤及料面，出菇早，朵数多、整齐。搔菌后增加湿度至90%以上。一般用喷雾向料面喷水，每天3次，做到少喷、勤喷，等料面有米粒大的子实体时才可喷水。4天后子实体长到1厘米时进行温度控制，最初温室控制在8℃左右，空气湿度在80%~85%，以促使菇蕾分化分枝。当菇芽长到0.2~2厘米时，温度控制在4~6℃，湿度在85%~90%，二氧化碳浓度控制在0.1%以下，每天通风和给予200勒克斯的光照每天2~3小时。每平方米放置150瓶，这样菇柄整齐一致，且强壮、坚挺。待子实体长出瓶口3厘米时，即可转入生育室。此时温度应控制在8~13℃，空气湿度75%，每平方米200瓶，光线以黑暗为主。待子实体长至12~18厘米、菌盖直径0.5~1.5厘米时采收。采收后进入二茬菇管理。

（4）病虫害控制措施。

1）主要防控对象

杂菌主要有绿霉、青霉、根霉、毛霉等。病虫害主要有黄腐病、枯萎病等。害虫主要有菇蚊、菇蝇、老鼠等。

2）防治原则

贯彻“预防为主、综合防治”的植保方针，坚持以物理防治为主，化学防治为辅的控制原则。

①农业防治。选用抗病性和抗逆力强、适应性广的品种；培养料灭菌后应达到无菌状态，按照无菌操作规程接种；发菌场所保持整洁卫生、空气新鲜、降低空气湿度；发菌期定期检查，及时剔除杂菌污染袋，集中处理。

②物理防治。菇房走廊及发菌室安装30厘米×20厘米粘虫板、频振式杀虫灯、捕鼠器。菇房门口及通风口设置空气净化过滤器和防虫纱网。

发菌阶段保持培养室适宜的温度，降低空气湿度，适度通风，避光发菌。出菇期间保持菇房内不同生育期的适宜温度、空气相对湿度和光照强度，避免高温高湿、通风不良。

③化学试剂防治。茹房内外可以撒石灰消毒灭菌；防治木

霉、青霉、毛霉、链孢霉等，在装袋前用50%多菌灵5 000倍液喷洒处理，安全间隔期15天。

（5）采收。

1）采收要求

菇柄挺立，脆嫩、色白，柄长13~20厘米，菇盖小，不开伞。

2）采收方法

当菇柄长出袋口，柄长13~20厘米时，及时采收。或按照合同要求采收。采收时应将手洗净，一手按住袋身，一手轻轻握住菇柄下部，稍左右摇动或旋转后，再成束拔下。若菇丛密，与基质结合牢固，则应分成小束拔下，切忌牵动基质。采下的菇应整齐盛放在光滑的容器内，并及时清理、分装进塑料袋，封好袋口。

（6）运输、贮存。

1）运输

运输过程中采用塑料泡沫箱防挤压、防潮、防晒、防污染，运输前对车辆进行清洁。

2）贮存

金针菇鲜品贮存要求温度在0~5℃，不得与其他物品混合贮存。

（7）生产废弃物的处理。

金针菇废料进行堆沤发酵用作有机肥，菌袋集中收集回收至塑料加工企业，加工成塑料颗粒再利用。

（8）档案与记录。

建立详细、完整的生产档案，记录品种、施肥、病虫草害防治、采收以及菇房操作管理措施；所有记录应真实、准确、规范，并具有可追溯性；生产档案应有专人专柜保管，至少保存3年。

附录 A

绿色食品金针菇病虫害化学防治方法

防治对象	防治时期	农药名称	使用剂量	施药方法	安全间隔期天数（天）
木霉、青霉、毛霉、链孢霉等	10 月装袋前	多菌灵	5 000 倍液	喷洒	15

注：农药使用以最新版本绿色食品农药使用准则的规定为准。

16. 绿色食品拱圆大棚茄子生产技术规程

（1）产地环境。

选择旱能浇、涝能排的平坦地块，土壤耕层深厚、富含有机质、保水保肥力强，前茬为非茄科作物。

（2）设施与茬口安排。

宜选择结构合理、性能优良，适合当地条件的拱圆大棚。一般跨度 6~10 米，长度 60~80 米，中高 2.0~2.2 米，肩高 1.2~1.5 米。

拱圆大棚茄子栽培主要包括早春栽培、秋延迟栽培。

（3）品种选择。

1）选择原则

选用优质、丰产、抗病性强、适应性广、商品性好、符合市场消费习惯的品种。

2）品种选用

早春栽培可选用布利塔、长征 3 号、世纪长茄 566 等绿萼品种，大龙、世纪长茄 1312、济杂娇子等紫萼品种，世纪快圆等圆茄品种；秋延迟栽培可选用 765、长征 3 号、世纪长茄 566 等绿萼品种，大龙、世纪长茄 1312、黑帅等紫萼品种，世纪快圆等圆茄品种。

(4) 育苗。

1) 育苗方式

可选用苗床或穴盘育苗，早春栽培育苗宜在日光温室内进行；秋延迟栽培育苗应在具有避雨降温条件的设施内进行。苗床选择背风向阳、地势稍高的地方。

2) 营养土或基质配制

苗床营养土用肥沃大田土 6 份，充分腐熟的优质农家肥 4 份，每立方米营养土加入氮磷钾复合肥料（15-15-15）1 千克、50%多菌灵可湿性粉剂 80 克，混匀过筛。

穴盘育苗基质选用优质草炭、蛭石、珍珠岩，三者按体积比 6：3：1 配制，每立方米基质加入 50%多菌灵可湿性粉剂 0.2 千克，搅拌均匀待用。或选用商品专用育苗基质。

3) 播种期

早春栽培一般 12 月上旬播种，采用嫁接栽培时，砧木 10 月中旬播种，接穗 11 月下旬播种。秋延迟栽培一般 6 月上中旬播种，采用嫁接栽培时砧木 6 月上旬播种，接穗 7 月上旬播种。

4) 种子处理

将晒干的种子放入 50~55℃的热水中不断搅拌，使种子受热均匀，待水温降到 30℃以下停止搅拌，浸种 6~8 小时。将浸泡好的种子洗净表面黏液，用湿纱布包好，放置在 28~30℃的环境中催芽，每天用温水淘洗 2 次，待 60%~70%的种子露白时播种。

5) 播种

苗床覆盖 5 厘米厚的营养土，整平，播种前浇足底水。将种子拌细沙均匀撒播，播后覆盖 0.5~1 厘米厚的营养土。

穴盘育苗，接穗用 50 孔或 72 孔穴盘，砧木用 32 孔或 50 孔穴盘，穴内装入含水量 60%~70%的茄子专用商品基质，每穴播一粒种子，砧木播种深度 1 厘米，接穗播种深度 0.6~0.8 厘米，播后覆盖消毒蛭石，淋透水。

6）播种量

每 666.7 平方米栽培用种量 15 克。嫁接栽培，砧木用种 3～4 克。

7）苗床管理

①分苗。苗床育苗，当幼苗长至 2 片真叶时，移入营养钵，每钵一株。冬季应选晴天进行，夏季应选阴天进行。分苗后浇足水。

②温度。早春育苗，播种后，白天温度控制在 25～30℃，夜间 20～25℃。幼苗出土后，逐步放风降温，白天温度控制在 25～28℃，夜间 18～20℃。当真叶出现后，白天保持气温 25～30℃，夜间 20～23℃。夏季育苗应在防雨棚内进行，晴天中午加盖遮阳网降温，定植前 7 天适当炼苗。

③肥水。以中午前浇水为宜，下午 3 点以后不宜浇水。阴雨天日照不足，湿度高，不宜浇水。苗床边缘的穴盘、或穴盘边缘孔穴的幼苗易失水，要及时补水。

④嫁接。砧木苗 4～5 片叶、接穗苗 3～4 片叶时采用靠接或劈接法嫁接。嫁接后 7 天遮光保湿，成活后正常管理。

8）壮苗标准

植株健壮，无病虫害和机械损伤，子叶完整，具有 4～5 片真叶，叶片肥厚，节间短，株高 15～18 厘米，根系发达。

（5）整地作畦。

每 666.7 平方米施充分腐熟的优质农家肥 3 000～4 000 千克、氮磷钾复合肥料（15-15-15）50 千克，且无机氮素施用量不能超过当地同种作物习惯施用量一半。定植前 15 天整地，深翻 25～30 厘米，耙平后作平畦，畦面宽 90 厘米，畦间宽 60 厘米。早春栽培定植前 5 天，在棚内加盖一层薄膜，并关闭大棚放风口。秋延迟栽培定植前，棚上部加盖一层遮阳网。大棚两侧风口用防虫网挡严。

(6) 定植。

1) 定植时间

早春栽培，2月下旬定植。秋延迟栽培，7月下旬定植。

2) 定植密度

早春栽培，每666.7平方米定植1 600~1 800株。秋延迟栽培，每666.7平方米定植1 900株。

3) 定植方法

在定植畦内开穴带坨移栽，栽后立即浇水。早春栽培宜选晴天进行，秋延迟栽培宜选阴天或傍晚进行。穴盘苗用50%多菌灵800倍液蘸根。

(7) 定植后管理。

1) 温度

早春栽培，定植后7天内，温度不宜超过32℃。缓苗后，白天温度保持在23~28℃，夜间15~18℃。秋延迟栽培，定植后5天内遮阳降温和保湿，生长前期白天温度控制在23~28℃，夜间15~18℃，9月中旬后注意保温。

2) 肥水

坐果前保持土壤适度干燥，一般不浇水。门茄采收后，早春栽培每7~10天浇一次水；秋延迟栽培每10~15天浇一次水。结合浇水，每666.7平方米冲施大量元素水溶肥料（20-5-30）5千克。

3) 植株调整

早春栽培采用三秆整枝，秋延迟栽培采用双秆整枝，用细绳盘绕吊枝。侧枝上出现花朵时，花前留2片叶摘心。及早疏除无花侧枝。生长中后期摘除中下部老黄叶片。

(8) 病虫害防治。

1) 防治原则

按照“预防为主，综合防治”的植保方针，坚持以“农业防治、物理防治、生物防治为主，化学防治为辅”的防治原则。

2）主要病虫害

猝倒病、立枯病、黄萎病、灰霉病、绵疫病、褐纹病，蚜虫、粉虱、蓟马、斑潜蝇、茶黄螨、棉铃虫、二十八星瓢虫。

3）防治措施

①农业防治。选用抗（耐）病优良品种；实行轮作换茬；中耕除草，清洁田园，降低病虫源基数；培育无病壮苗，温烫浸种，嫁接育苗防治黄萎病。

②物理防治。棚内悬挂黄色、蓝色粘虫板诱杀害虫。规格为25厘米×40厘米，每666.7平方米悬挂30~40块，悬挂高度与植株顶部持平或高出10厘米。铺设银灰色地膜或挂银灰膜条驱避蚜虫。

③生物防治。可用10%多抗霉素可湿性粉剂600~800倍液，或木霉菌可湿性粉剂（5亿活孢子/克）600倍液，或枯草芽孢杆菌（1 000亿活芽孢/克）800倍液喷雾防治真菌性病害；可用90%新植霉素可溶性粉剂3 000~4 000倍液，或3%中生菌素可湿性粉剂600~800倍液喷雾防治细菌性病害。可用5%除虫菊酯乳油1 000~1 500倍液，或0.5%印楝素乳油600~800倍液，或0.6%苦参碱水剂2 000倍液喷雾防治害虫。

④化学防治。要使用高效、低毒、低残留的农药。主要病虫害化学防治方法见附录A。

（9）采收。

当萼片与果实相连处的白色环状带（俗称茄眼）不明显时，即可采收。一般从开花到采收需18~22天，门茄、对茄适当早收。

（10）生产废弃物的处理。

及时回收废旧地膜、农药包装物；生产中整理的枝叶和拔秧后的秸秆及时运出田园，粉碎后发酵堆肥。

（11）档案与记录。

生产者需建立生产档案，记录品种、施肥、病虫草害防治、采收以及田间操作管理措施；所有记录应真实、准确、规范，并具有可追溯性；生产档案应有专人专柜保管，至少保存3年。

附录A
（资料性附录）

绿色食品拱圆大棚茄子病虫害化学防治方法

防治对象	防治时期	农药名称	使用剂量	施药方法	安全间隔期天数（天）
猝倒病	育苗时	70%的甲基硫菌灵可湿性粉剂	5~65克/666.7平方米	喷雾	
		722克/升霜霉威水剂	2 400~3 600克/666.7平方米	苗床浇灌	
立枯病	育苗时	20%甲基立枯磷乳油	150~220毫升/666.7平方米	苗床喷雾	10
灰霉病	出现发病中心	50%腐霉利可湿性粉剂	50~100克/666.7平方米	喷雾	7
		70%嘧霉胺水分散粒剂	24~36克/666.7平方米	喷雾	5
		50%异菌脲可湿性粉剂	50~100克/666.7平方米	喷雾	10
绵疫病	发病初期	722克/升霜霉威水剂	80~100克/666.7平方米	喷雾	3
		20%嘧菌酯水分散粒剂	60~80克/666.7平方米	喷雾	5
褐纹病	发病初期	80%代森锌可湿性粉剂	200~300克/666.7平方米	喷雾	5
		50%克菌丹可湿性粉剂	125~187.5克/666.7平方米	喷雾	5
黄萎病	移栽时	50%多菌灵可湿性粉剂	400~600倍液	灌根	
		70%甲基托布津可湿性粉剂	500~600倍液	灌根	

（续表）

防治对象	防治时期	农药名称	使用剂量	施药方法	安全间隔期天数（天）
蚜虫	达到防治指标	10%吡虫啉可湿性粉剂	10~20 克/666.7 平方米	喷雾	7
		50%抗蚜威可湿性粉剂	10~18 克/666.7 平方米	喷雾	6
粉虱	达到防治指标	10%联苯菊酯乳油	20~40 毫升/666.7 平方米	喷雾	4
		5%啶虫脒乳油	40~50 毫升/666.7 平方米	喷雾	7
蓟马	达到防治指标	10%吡虫啉可湿性粉剂	10~20 克/666.7 平方米	喷雾	7
		5%啶虫脒乳油	40~50 毫升/666.7 平方米	喷雾	7
斑潜蝇	达到防治指标	50%灭蝇胺可溶粉剂	20~30 克/666.7 平方米	喷雾	7
		0.5%甲氨基阿维菌素苯甲酸盐微乳剂	20~30 毫升/666.7 平方米	喷雾	7
茶黄螨	达到防治指标	5%唑螨酯悬浮剂	75~100 毫升/666.7 平方米	喷雾	15
		24%螺螨酯悬浮剂	10~20 毫升/666.7 平方米	喷雾	21
棉铃虫	达到防治指标	2.5%溴氰菊酯乳油	25~30 毫升/666.7 平方米	喷雾	15
		150 克/升茚虫威乳油	15~18 毫升/666.7 平方米	喷雾	7
二十八星瓢虫	达到防治指标	2.5%溴氰菊酯乳油	25~30 毫升/666.7 平方米	喷雾	15
		25 克/升高效氯氟氰菊酯乳油	40~50 毫升/666.7 平方米	喷雾	7

注：农药使用以最新版本的绿色食品农药使用准则的规定为准。

17. 绿色食品拱圆大棚辣椒生产技术规程

（1）产地环境。

选择生态环境良好、无污染源和潜在污染源、远离工矿区和公路铁路干线，地势平坦、排灌方便、土层深厚、疏松肥沃的壤土。

（2）茬口安排。

拱圆大棚辣椒每年可栽植 2 茬。春茬：头年 12 月上中旬育苗，翌年 2 月上旬定植，4 月上中旬开始收获；秋茬：6 月中下旬育苗，7 月中下旬定植，8 月下旬开始收获。

（3）品种选择。

1）选择原则

结合当地气候条件、市场需求选择优质高产、抗病、抗病毒、耐寒、耐热、商品性好的品种。

2）品种选用

可结合当地市场需求选择优质高产抗病、抗病毒、耐热的品种。代表性品种有羊角椒、杭椒、泡椒和线椒等。

3）种子处理

温汤浸种，将种子在 55℃温水中，搅拌 15 分钟，将种子搓洗干净后催芽。

4）种子催芽

用 55℃的温水浸泡搅拌 15 分钟，自然冷却后用清水浸泡 24 小时，之后捞出均匀摆放到干净的湿布上置于 35℃的恒温箱内催芽，催芽期间定期喷水，3 天后陆续发芽，进行分拣播种。

（4）育苗。

1）播种

采用育苗盘营养土育苗。将基质或营养土装入育苗盘密排于育苗床上，浇透水，待水渗后，将种子播入，每穴 1 粒，覆土 0.5~1 厘米。

2）苗床管理

①温度管理。冬季育苗，出苗前，白天温度保持在 25～30℃，夜间温度保持在 20℃以上。幼苗出土后，白天温度保持在 25～28℃，夜间温度保持在 18℃左右。苗出齐后，加强、加长光照及通风时间。夏季育苗，应采取遮阴降温措施。在早春定植前 5～7 天，将温度逐渐降低至 13～15℃进行炼苗。

②光照管理。光照对培育壮苗尤为重要。透明覆盖物要选用新的防雾无滴膜，棚内后墙张挂反光膜，每天光照时间要达到 8 小时以上，连续阴天要用补光灯进行补光。

③水分管理。以中午前浇水为宜，下午 3 点以后不宜浇水。阴雨天日照不足，湿度高，不宜浇水。苗床边缘的穴盘或穴盘边缘孔穴的幼苗易失水，要及时补水。

④壮苗标准。植株 5～6 片真叶，株高 15～20 厘米，叶色浓绿，茎秆粗壮，节间短，根系发达。

（5）整地。

播种前，将前茬残留的秸秆、杂物清理干净，撒施腐熟厩肥 5 000千克/666.7 平方米、复合肥 50 千克/666.7 平方米，土壤深翻 30～35 厘米，耙平整细以备定植。

（6）田间管理。

1）定植

①定植时间。当苗子长出 5～6 片真叶时开始定植。一般春茬：2 月上旬定植；秋茬：7 月中下旬定植。

②定植密度。春茬辣椒定植密度为 1 500株/666.7 平方米，秋茬辣椒定植密度为 1 200株/666.7 平方米。大拱棚的跨度一般为 12 米，5 行立柱间 4 个空间，每个空间宽 3 米，每个空间定植 2 行辣椒，空间内两行辣椒之间的距离和每行辣椒与其相邻的立柱行之间的距离均为 1 米，辣椒行内植株之间的距离，春茬平均为 30 厘米，秋茬平均为 37 厘米，2 行辣椒植株呈交叉定植。

③作畦定植。在整平的土地上起埂作畦，畦宽 160 厘米，畦

面宽 120 厘米，畦埂宽 20 厘米、埂高 12~15 厘米，在畦面中间开两条沟，沟深 8~10 厘米，两条沟之间距离 100 厘米，定植前沟内浇水，浇水结束后立即按照要求的株距将苗子根部放到沟底，浅覆土，缓苗后，随着根系喷发和地上部生长，用锄逐渐将定植沟填平，坐果初期，顺行在植株茎基部进行浅培土，起到固定植株的作用，原来的畦埂将逐渐铲平。该模式多用于秋茬辣椒生产。

④起垄滴灌定植。在整平的地面起垄，垄面宽 150 厘米，垄高 15 厘米，在垄面中间开两条浅沟，沟深 6~7 厘米，两条沟之间距离 100 厘米，之后，按照要求的株距将苗子放到沟中定植覆土，覆土厚度 0.8~1.0 厘米，定植结束后在垄中间和两行苗子的附近各铺设 1 条滴灌带进行滴灌，春茬定植后第一水滴灌数量要少，一般在 10~20 立方米/666.7 平方米，秋茬定植后第一水要大，要将土壤滴灌透，一般用水 40~50 立方米/666.7 平方米。定植后要及时用厚度为 0.006 毫米，宽度为 180 厘米的黑色地膜覆盖。实施滴灌要注意安装水表、过滤器和追肥器，实施精准滴灌。该模式以春茬辣椒生产为主。

2）定植后管理

①温度管理。辣椒适宜的温度在 15~34℃。种子发芽适宜温度 25~30℃，发芽需要 5~7 天，低于 15℃或高于 35℃时种子不发芽。苗期要求温度较高，白天 25~30℃，夜晚 15~18℃最好，幼苗不耐低温，要注意防寒。辣椒如果在 35℃时会造成落花落果。春茬栽培前期注意保温防冻，后期要注意通风降温。秋茬栽培定植前期气温高，主要以通风降温为主，后期注意保温。

②光照管理。辣椒是好光作物，光补偿点 15 000勒克斯，光饱和点 30 000勒克斯。采用无滴薄膜覆盖。冬季在棚内张挂反光膜，增加棚内光照强度。经常清扫薄膜上的碎草和尘土，保持棚膜的整洁，增强透光性。

③灌溉。辣椒对水分要求严格，它既不耐旱也不耐涝。喜欢

比较干爽的空气条件。定植后浇水一次。采用浇灌方式，每666.7平方米用水量20~30吨。生长期可视干湿情况浇水，根据季节春茬一般浇水8次，秋茬10次。

④施肥。基肥：结合整地施足基肥，为整个生长期提供基础营养。追肥：定植后，浇一次缓苗水，然后控水蹲苗。“门椒”瞪眼期结束蹲苗，开始浇水追肥。门椒、对椒、四母斗椒坐果后各追一次肥，一般每次每666.7平方米追施氮磷钾三元复合肥5千克、硫酸钾10千克，或商品有机肥100千克，有机肥与化肥交替使用。

⑤植株调整。整枝。植株一级分枝下面主干上长出的分枝要及时抹掉，二级分枝叶腋间发出的分枝根据植株长势和坐果情况决定保留还是打掉，秋茬在10月中下旬以后开的花原则上不要，此时，可以将正在生长的嫩梢剪去，以保证坐住的辣椒都能成为成品椒。二级分枝开花结果初期开始用渔网绳或塑料麻皮拴挂二级分枝，按逆时针方向进行缠绕，防止坐果后期植株负担过重发生倒伏。

3）病虫草害防治

防治原则：以农业防治、物理防治、生物防治为主，化学防治为辅。

①主要病虫草害。拱圆大棚辣椒的主要病虫害：猝倒病、立枯病、病毒病、绵疫病、炭疽病、霜霉病，蓟马、白粉虱、蚜虫、棉铃虫、烟青虫、菜青虫、茶黄螨等。主要草害：稗、马唐、牛筋、狗尾、千金子、反枝苋、凹头苋、马齿苋、铁苋菜、风花菜、猪殃殃、三棱草、旋花、龙葵、车前、苣荬菜等。杂草主要采用人工拔除或覆盖黑色地膜抑制生长。

②农业防治措施。选用抗病虫、抗病毒品种；减少浇水次数、多施有机肥、少施化肥培育壮苗，增强植株抗病力；结合田间管理将发病叶片、果实或植株带出田外无害化处理等，降低病虫基数；合理密植，与非茄科作物轮作等。

③物理防治措施。悬挂黄色粘虫板、蓝色粘虫板诱杀蚜虫、飞虱，具体悬挂数量根据虫害发生情况确定。放风口设置防虫网。安装频振式杀虫灯、黑光灯、太阳能多功能扇吸式捕虫器诱杀成虫。

④生物防治措施。设置天敌栖息地、缓冲带等。保护利用天敌。白粉虱、蚜虫发生初期，可释放丽蚜小蜂防治，一般每棚释放 2~3 箱。

⑤化学防治措施。用药原则：优先选择生物农药、植物源、矿物源农药；化学合成农药优先选择高效、低毒、低残留农药，不同农药品种之间应交替使用。

绵疫病、霜霉病。发病初期，72%霜脲锰锌可湿性粉剂 90 克/666.7 平方米，对水喷雾防治，安全间隔期 4 天：64%噁霜灵锰锌可湿性粉剂 100 克/666.7 平方米，对水喷雾防治，安全间隔期 3 天。

猝倒病、立枯病。育苗期间，选用 30%精甲・噁霉灵（6%精甲霜灵；24%的噁霉灵）水剂 40 毫升/666.7 平方米，对水苗床喷雾，安全间隔期 10 天。或 722 克/升霜霉威水剂 80 克/666.7 平方米，对水喷雾防治。安全间隔期 3 天。

病毒病。发病初期，可用 13.7%苦参・硫磺水剂 10 毫升/666.7 平方米，对水喷雾防治，安全间隔期 3 天。或 2%的氨基寡糖素水剂 200 毫升/666.7 平方米，对水喷雾防治，安全间隔期 1 天；防治好蚜虫、飞虱、蓟马、清洁田园可减轻发病。

炭疽病。72%霜脲锰锌可湿性粉剂 90 克/666.7 平方米，对水喷雾防治，安全间隔期 4 天：64%噁霜灵锰锌可湿性粉剂 12 克/666.7 平方米，对水喷雾防治，安全间隔期 3 天。

棉铃虫、烟青虫、菜青虫。春茬中后期发生，秋茬中期前发生，用 4.5%高效氯氰菊酯乳油 20 毫升/666.7 平方米，对水喷雾防治。安全间隔期 14 天。

茶黄螨。春茬中后期发生、秋茬全生育期发生，用 2.5%高效氯氟氰菊酯微乳剂 20 毫升/666.7 平方米，对水喷雾防治，安全间隔期 14 天。

蚜虫、白飞虱、蓟马。70%吡虫啉可湿性粉剂 3 克/666.7 平方米，对水喷雾防治，安全间隔期 7 天；25%噻虫嗪水分散粒剂 6 克/666.7 平方米，对水喷雾防治，安全间隔期 28 天；50%啶虫脒水分散粒剂 2 克/666.7 平方米，对水喷雾防治，安全间隔期 7 天。

（7）采收。

春茬：4 月上中旬开始收获；秋茬：8 月下旬开始收获。人工收获。收获后去除病果、残果、杂物后包装上市。

（8）生产废弃物的处理。

农药包装及时收集、交有资质的单位无害化处理；田间管理摘除的病虫叶片、植株及时带出田外销毁；初加工后的下脚料集中存放，交环卫部门集中处理。

（9）贮藏。

收获后需临时贮藏时，选择卫生、安全、阴凉、防晒、防雨、通风的临时仓库存放，防止二次污染。仓库门口设挡鼠板、仓库内部设粘鼠板、鼠夹等防鼠措施。

（10）档案与记录。

生产者建立生产管理档案，详细记载栽培的品种、整地、施肥、浇水、病虫草害防治、采收、贮藏、运输、销售等管理措施；记录真实、准确、规范，实现全程可追溯；生产管理档案应有专人专柜保管，保存期至少 3 年。

18. 绿色食品冬瓜生产技术规程

（1）园地环境及栽培茬次。

园地应选择生态环境良好、无污染的地区，远离工矿区和公路、铁路干线，避开污染源。应在与其他非绿色食品生产区域间设置有效缓冲带或物理屏障，以确保绿色食品生产基地不受到外来污染。大气、灌溉水、土壤应符合绿色食品要求。

山东地区露地冬瓜栽培一般3月上中旬播种育苗，4月中下旬定植。

日光温室保护地栽培9月下旬至10月上旬播种，11月中旬定植。

（2）品种选择。

选择抗病、抗逆性强，耐低温弱光，优质、高产、商品性好、适合市场需求的品种。

（3）育苗。

1）种子处理

将精选种子在55℃的温水中浸种20~30分钟，不断搅拌，待水温降至30℃时停止搅拌，并保持此水温，浸泡10~12小时，再用清水洗去黏液，沥水后用湿布包裹，置于28~32℃条件下催芽。当60%~70%种子出芽时即可播种。

2）营养土或基质准备

育苗床土为50%园田土和50%腐熟土杂肥（体积比），每立方米床土再加尿素50克、磷酸二铵25克，均匀过筛后，平铺在苗床上，厚度8~10厘米。

3）播种

将经过催芽的种子按8~10厘米见方的密度，均匀撒于苗床内，上覆1.5~2厘米的过筛细土。

4）苗床管理

播种后保持苗床白天气温27~32℃，夜间16~20℃，5~7天可出苗。苗期白天控制23~28℃，夜间13~18℃。

5）壮苗标准

子叶完好，茎粗壮，叶色浓绿，根系发达，无病虫害，无机械损伤。2~4片真叶，株高15厘米左右，根系发达，苗龄30~35天。

6）嫁接育苗

采用靠接法。嫁接时要随接随栽随遮阴，接完后立即盖上小拱棚。白天 30～32℃，夜间 20℃左右。湿度 95%以上。定植前可将夜温降至 10℃进行低温炼苗。

7）整地、施肥、起垄

定植前 10～15 天，每 666.7 平方米施用腐熟的优质厩肥 7 000～8 000千克，再施腐熟饼肥 100～150 千克，氮磷钾三元复合肥（15-15-15）40～50 千克，按 60～80 厘米行距起垄。采用日光温室越冬茬栽培需要在定植前 20 天覆盖薄膜，10 月中旬覆盖草苫。

8）定植

选择晴天上午定植。日光温室采用起垄栽培，先在垄上开沟，顺沟浇透水，趁水未渗下按 40～50 厘米的株距放苗，水渗下后封沟。露地采用平畦栽培，畦宽 170 厘米，栽 2 行，栽植方法用坐水稳苗或先栽后浇，大型冬瓜株距 50～60 厘米，小型冬瓜株距 33～50 厘米。定植 4～5 天后，视土壤墒情和天气情况浇缓苗水。

（4）田间管理。

1）温湿度管理

日光温室越冬茬冬瓜栽培定植后白天温度保持 28～33℃，夜间 18～20℃，缓苗后适当降低 2～3℃；在进入结瓜期，室温须按变温管理，8 时至 13 时，室内气温控制在 25～30℃，超过 28℃放风；13 时至 17 时，25～20℃；17 时至 24 时，20～15℃；0 时至 8 时，15～12℃。深冬季节（即 12 月下旬至 2 月中旬）晴天时可控制较高温度，室内气温达 30℃以上时可放风。深冬季节外界温度低，可在晴天揭苫后或中午前后短时放风，以散湿、换气。

进入 2 月下旬后，气温回升，冬瓜进入结瓜盛期，白天保持温度 28～30℃，夜间 13～18℃，温度过高时及时放风。当夜间室外最低温度达 15℃以上时，不再盖草苫，可昼夜放风。

2）肥水管理

定植至坐瓜前，可用 0.2%磷酸二氢钾加 0.2%尿素叶面追肥一次。进入结瓜期后，冬瓜肥水需求量增加，应结合浇水每 20~30 天冲施一次氮磷钾三元复合肥（15-15-15）10~15 千克/666.7 平方米。结瓜后期可叶面喷施 0.2%~0.3%的磷酸二氢钾，以防茎叶早衰。

越冬茬栽培水分管理注意以控为主，如冬瓜植株表现缺水现象，可在膜下浇小水，下午提前盖苫，翌日及以后几天加强放风。

3）植株调整

甩蔓后用吊绳吊蔓。采取连续摘心法整枝，即在主蔓留第 2 朵或第 3 朵雌花结第一个瓜，把瓜前（不包括瓜节）所有侧枝摘除，并在瓜后留 2 片叶摘心，同样摘除除瓜节以外的所有侧枝，待第二个瓜节的侧蔓坐瓜后，按前法使下个侧蔓结瓜，如此继续调整，一般单株同时挂瓜 2~3 个。

（5）病虫害防治。

1）防治原则

坚持"预防为主，综合防治"的植保方针，采取优先使用农业、物理和生物防治措施。

2）主要病虫害

病毒病、疫病、白粉病、白粉虱、蚜虫、美洲斑潜蝇等。

3）农业防治

针对当地主要病虫发生和连作情况，选用有针对性的高抗多抗品种。

采取嫁接育苗，培育适龄壮苗，提高抗逆性；通过放风、增强覆盖、辅助加温等措施，控制各生育期温湿度，避免生理性病害发生；增施充分腐熟的有机肥，减少化肥用量；清洁田园（棚室），降低病虫基数；及时摘除病叶、病果，集中销毁。

4）物理防治

通风口处增设防虫网，以 40 目防虫网为宜。棚内悬挂黄板诱杀白粉虱、蚜虫、美洲斑潜蝇等害虫，每 666.7 平方米 30～40 块。

5）生物防治

可用 0.6%苦参碱水剂 2 000倍液，或 1.5%除虫菊素水乳剂 2 000倍液喷雾防治蚜虫。

6）化学防治

使用的农药注意各种药剂交替使用，严格控制各种农药安全使用间隔期。具体防治措施及方法详见附录 A。

（6）采收。

果实达到商品成熟时，在严格按照农药安全间隔期前提下，及时采收。

（7）生产废弃物的处理。

定期清理生产园地，拾捡并清除农药包装袋、病腐植株，防止污染环境。

（8）档案记录。

建立绿色食品冬瓜生产档案，应记录产地环境条件、土肥水管理、病虫害防治等关键生产内容，以及包装与销售记录。记录须保存 3 年以上。

附录 A
（资料性附录）

绿色食品冬瓜病虫害化学防治方法

防治对象	防治时期	农药名称	使用剂量	施药方法	安全间隔期天数（天）
病毒病	发病前或发病初期	2%氨基寡糖素水剂	160～270 毫升/666.7 平方米	喷雾	7

（续表）

防治对象	防治时期	农药名称	使用剂量	施药方法	安全间隔期天数（天）
疫病	病害初发时	58%甲霜锰锌可湿性粉剂400～500倍液	400～500倍液	喷雾	1
		50%烯酰吗啉·锰锌可湿性粉剂	162～186（克/666.7平方米）	喷雾	7
白粉病	发病初期	30%氟菌唑可湿性粉剂	15～20（克/666.7平方米）	喷雾	2
白粉虱	虫害发生初期	100克/升吡丙醚乳油	47.5～60毫升/666.7平方米	喷雾	7
蚜虫、美洲斑潜蝇	虫害发生初期	25%噻虫嗪水分散颗粒剂	4～8（克/666.7平方米）	喷雾	5
	发生初期	70%啶虫脒水分散粒剂	2～4（克/666.7平方米）	喷雾	10

注：农药使用以最新版本的绿色食品农药使用准则的规定为准。

19. 绿色食品草莓生产技术规程

（1）产地环境。

生产园区要选在生态条件良好、远离污染源，未种过草莓、番茄、马铃薯、烟草等作物的地块，以富含有机质、土质疏松、排水良好的沙壤土为宜。

（2）品种选择。

1）选择原则

选择抗逆性强、产量高、品质优、耐贮运、休眠深或较深的品种。

2）品种选用

选择章姬、红颜、妙香、甜查理、红袖添香、京藏香、京桃香、白雪公主等品种。

（3）育苗。

1）母株选择

母株应选择品种纯正、健壮、根系发达、无病虫害的脱毒苗。

2）苗田准备

选择旱能浇、涝能排、地势高、耕层深厚、有机质高、前茬没种过草莓的地块，将土壤耕翻 20～25 厘米，结合整地，每 666.7 平方米施入充分腐熟的优质农家肥 3 000 千克、氮磷钾复合肥料（15-15-15）30 千克。耕翻后耙细、耙平、耙实，作高畦，畦宽 2 米。

3）母株定植

春季日平均气温达到 10℃以上时定植母株，一般在 4 月下旬至 5 月上旬。将母株单行定植在畦中间，行距 2 米，株距 0.5 米。苗心茎部与地面平齐，做到深不埋心、浅不露根。

4）苗期管理

①植株调整。定植成活后，及时摘除花蕾。匍匐茎产生后，将匍匐茎向四周均匀拉开，在匍匐茎第二、第四等偶数节上压土。

②中耕除草。育苗期间多次中耕除草，保持土壤疏松，有利于匍匐茎生长及幼苗扎根，提高成苗率。

③肥水管理。缓苗后结合浇水每 666.7 平方米施尿素 5 千克，8 月上旬叶面喷施 0.2%磷酸二氢钾。保持土壤湿润，注意清沟排水。

④剥叶摘心。每株母株保留 6～8 条匍匐茎，每条匍匐茎留 4～6 株幼苗摘心，同时摘除老叶、病叶。

⑤遮光处理。定植前 20 天在育苗畦上搭遮阴棚，覆盖遮光率为 50%～60%的遮阳网，遮阳网距地面 1.5 米，遮阴棚两侧保持通风，减少光照强度、降低温度，促进花芽分化。

⑥壮苗标准

新茎粗在1厘米以上，具有4~6片展开叶，根系发达，苗重25克以上，无病虫害。

（4）定植。

1）土壤消毒

连作或前茬存在障碍的土地，在定植前7—8月进行太阳能消毒，每666.7平方米撒施优质农家肥5 000千克，长度3厘米以下的作物秸秆1 000千克以上、石灰氮50~100千克，旋耕、起垄、灌水、覆膜，30~40天后，撤膜晾晒7天以上。

2）整地起垄

土壤深翻25~30厘米，每666.7平方米基施氮磷钾复合肥料（15-15-15）30~40千克，起垄，垄高30厘米，垄面宽50厘米，垄沟宽20厘米。

3）定植

定植前去除老叶和黄叶，按种苗新茎粗细分级定植。一般在8—9月，选择阴天或16时以后定植。定植时苗心与地面平齐为宜，做到深不埋心、浅不露根，新茎的弓背一律向外，每垄两行，行距25~35厘米，株距15~18厘米，每666.7平方米栽培8 000~12 000株。栽后将苗周围的土压实，及时浇大水，缓苗后覆盖黑色地膜。

（5）田间管理。

1）灌溉

宜采用膜下滴灌。定植后15天内保持田间水分充足，以后根据墒情适当浇水，进入10月控制水分供应；封冻前浇一遍越冬水；现蕾期浇萌芽水，初花期后小水勤浇，保持土壤湿润。

2）施肥

每666.7平方米产2 000千克以上的果园，每666.7平方米施氮肥（N）18~20千克，磷肥（P_2O_5）10~12千克，钾肥

(K_2O) 15~20 千克；将全部化肥的 1/2 作基肥，剩下的分别在苗期、初花期和采果期追施 3~4 次。提倡推广肥水一体化技术。土壤缺锌、硼和钙的果园，每 666.7 平方米相应施用硫酸锌 0.5~1 千克、硼砂 0.5~1 千克、叶面喷施 0.3%的氯化钙 2~3 次。现蕾期至坐果前，追施大量元素水溶肥料（10-25-15），每 10 天每 666.7 平方米随水灌施 3~5 千克；果实膨大期，追施大量元素水溶肥料（15-5-30），每 10 天每 666.7 平方米随水灌施 3~5 千克。

3）越冬管理

初冬，草莓上覆盖 0.01 毫米普通地膜保温；春季发芽时，撤除保温地膜。

4）花果管理

采用蜜蜂、壁蜂或熊蜂授粉，一般每 666.7 平方米蜜蜂 3~4 箱，壁蜂1 000~2 000头，熊蜂 80~100 头。盛花期及时摘除花序上后期开的花，摘除过多、过弱的花序和小果、畸形果、病虫果；及时摘除枯、老、病叶和侧芽，每株保留 6~10 片绿叶。

5）病虫草害防治

①防治原则。按照“预防为主，综合防治”的植保方针，坚持以“农业防治、物理防治、生物防治为主，化学防治为辅”的防治原则。

②主要病虫害。病害主要有褐斑病、灰霉病、白粉病、炭疽病、疫霉果腐病等；虫害主要有螨类、粉虱、蚜虫、地下害虫(蛴螬、蝼蛄、地老虎等)。

③农业防治。选用抗病优良品种，采用健壮苗、脱毒苗；实行轮作换茬、太阳能消毒；健体栽培，合理密植，改善通风和光照条件；清洁田园，降低病虫源基数；及时摘除病叶病果。

④物理防治。每 666.7 平方米悬挂 30~40 块黄色、蓝色粘

虫板诱杀蚜虫、粉虱、斑潜蝇、蓟马等害虫。铺设银灰色地膜或张挂银灰膜膜条驱避蚜虫、粉虱等害虫。

⑤生物防治。缓苗后20天、50天、80天，分别田间释放胡瓜钝绥螨捕食螨5~20瓶（2.5万只/瓶）捕食红蜘蛛、蓟马、粉虱等。可用10%多抗霉素可湿性粉剂600~800倍液，或木霉菌可湿性粉剂（5亿活孢子/克）600倍液，或枯草芽孢杆菌（1 000亿活芽孢/克）800倍液喷雾防治真菌性病害；可用90%新植霉素可溶性粉剂3 000~4 000倍液，或3%中生菌素可湿性粉剂600~800倍液喷雾防治细菌性病害。可用5%除虫菊酯乳油1 000~1 500倍液，或0.5%印楝素乳油600~800倍液，或0.6%苦参碱水剂2 000倍液喷雾防治害虫。

⑥化学防治。使用高效、低毒、低残留的农药。主要病虫害化学防治方法见附录A。

（6）采收。

采收达到果实质量标准时进行，要随熟随采，不损伤花萼和果面，分级采收，剔除病虫果、软化果、畸形果、损伤果等残次果。采后应及时转移到通风、阴凉处或预冷场所，供集中包装。采收一般在上午10点以前或下午4点以后进行。

（7）生产废弃物的处理。

及时回收废旧地膜、粘虫板、农药包装物等。生产中废弃枝叶及时运出园区，发酵堆肥。

（8）档案与记录。

生产者需建立生产档案，记录品种、施肥、病虫草害防治、采收以及田间操作管理措施；所有记录应真实、准确、规范，并具有可追溯性；生产档案应有专人专柜保管，至少保存3年。

附录 A

绿色食品草莓病虫害化学防治方法

防治对象	防治时期	农药名称	使用剂量	施药方法	安全间隔期天数（天）
褐斑病	发病初期	20%丙环唑微乳剂	60~80 毫升/666.7 平方米	喷雾	20
		50%嘧菌酯水分散粒剂	40~50 克/666.7 平方米	喷雾	5
灰霉病	出现发病中心	50%腐霉利可湿性粉剂	50~100 克/666.7 平方米	喷雾	7
		70%嘧霉胺水分散粒剂	24~36 克/666.7 平方米	喷雾	5
白粉病	发病初期	30%嘧菌酯可湿性粉剂	30~40 克/666.7 平方米	喷雾	5
		25%粉唑醇悬浮剂	20~40 毫升/666.7 平方米	喷雾	14
炭疽病	发病初期	430 克/升戊唑醇悬浮剂	10~16 毫升/666.7 平方米	喷雾	21
		70%甲基硫菌灵可湿性粉剂	40~60 克/666.7 平方米	喷雾	7
		20%嘧菌酯水分散粒剂	60~80 克/666.7 平方米	喷雾	5

（续表）

防治对象	防治时期	农药名称	使用剂量	施药方法	安全间隔期天数（天）
疫霉果腐病	发病初期	50%克菌丹可湿性粉剂	125~187.5 克/666.7 平方米	喷雾	5
		20%嘧菌酯水分散粒剂	60~80 克	喷雾	5
红蜘蛛	达到防治指标	5%唑螨酯悬浮剂	20~40 毫升/666.7 平方米	喷雾	15
		24%螺螨酯悬浮剂	10~20 毫升/666.7 平方米	喷雾	21
蚜虫	达到防治指标	10%吡虫啉可湿性粉剂	10~20 克/666.7 平方米	喷雾	7
		50%抗蚜威可湿性粉剂	10~18 克/666.7 平方米	喷雾	6
粉虱	达到防治指标	22.4%联苯菊酯乳油	20~40 毫升/666.7 平方米	喷雾	4
		5%啶虫脒乳油	40~50 毫升/666.7 平方米	喷雾	7
地下害虫（蛴螬、蝼蛄、地老虎等）	移栽时	5%辛硫磷颗粒剂	2 500~3 000 克/666.7 平方米	土壤处理	30
	生长期	50%辛硫磷乳油	200~300 毫升/666.7 平方米对水 250~350 千克/666.7 平方米	灌根	

20. 丝瓜病虫害全程绿色防控技术规程

（1）生态调控。

1）轮作换茬

与其他科蔬菜轮作。

2）清洁田园

清除田间及周围杂草，深翻土地，破坏病虫越冬场所，减少病虫基数。

3）土壤消毒

土传病害重的地块可在夏季高温季节深翻地 25 厘米，每 666.7 平方米撒施 500 千克切碎的稻草或麦秸，加入 100 千克氰胺化钙，混匀后起垄，铺地膜，灌水，持续 20 天。

4）健身栽培

①选用抗病品种。选择适宜夏季栽培的品种即对短日照不敏感的品种：如夏优丝瓜、新夏棠丝瓜、丰抗丝瓜、雅绿一号、秀玉丝瓜等。

②种子消毒。温汤浸种：将种子倒入 55℃温水中，并不断搅拌，至常温，晾干，用 100 亿活孢子/克枯草芽孢杆菌 100 倍液拌种，可预防枯萎病、疫病、炭疽病等。

③土壤处理。定植前每 666.7 平方米使用>5 亿/克枯草芽孢杆菌+胶冻样类芽孢杆菌菌剂 10 千克改良土壤生态，预防土传病害。

5）免疫诱抗

待种子出齐苗后，每隔 10 天左右，喷一次 5%氨基寡糖素 1 000倍液，共喷 2~3 遍。

6）田间管理

①蔓叶整理。一般在蔓长 35 厘米左右进行第一次压蔓，在蔓长 70 厘米左右进行第二次压蔓，压蔓的方向可引同一方向或相对方向。待雄花出现时才引蔓上篱，上篱之后，采用“之”字形均

匀引蔓。在生长中后期，适当摘除基部的枯老叶或病叶，在蔓叶生长过旺情况下，可以在上、中、下不同部位间隔摘除部分叶片，或在蔓叶生长过密的位置摘叶，有利于通风透光或减少病虫害。

②及时理瓜。在开花结果期间，当发现小瓜搁在叶上、篱架上，瓜蔓间或被卷须缠绕，需要及时加以整理，使之垂直悬挂棚架内，同时应清除病瓜，以免传染病害。

③合理施肥。施肥总的原则是：勤施薄施，施足有机肥。结瓜前控制水肥，结果后及侧蔓盛发时施重肥，并重视磷、钾肥的施用。

④水分管理。丝瓜全生育期需水较多，生长前期应保持土壤湿润，植株开花结果期间，根系发达，需加强灌溉。灌水时应即灌即排，不漫灌。

（2）理化诱控。

1）安装杀虫灯

每 2 万平方米安装 1 台频振杀虫灯，利用害虫的趋光性和对光强变化的敏感性诱杀害虫。

2）覆盖银灰膜

丝瓜种植田块覆盖银灰膜避驱蚜虫。

（3）生物防治。

1）保护和利用自然天敌昆虫

种植适宜不同时期的蜜源植物种类，为寄生蜂提供栖息场所与蜜源，能提高寄生蜂寄生率。

2）生物菌剂

①使用 0.3 亿/毫升蜡蚧轮枝菌喷雾防治烟粉虱。

②用蜡质芽孢杆菌防治丝瓜霜霉病。

3）生物农药

①害虫防治。

a. 瓜绢螟：用 1.8%阿维菌素 2 000倍液或苏云金杆菌制剂防治。

b. 蚜虫：0.5%苦参碱500倍液喷雾。

c. 斑潜蝇：0.9%或1.8%阿维菌素乳油3 000~5 000倍液。

②病害防治。

a. 霜霉病：可用10%多抗霉素100~150克/666.7平方米，或用蜡质芽孢杆菌防治。

b. 白粉病：可用10%宁南霉素可溶性粉剂1 200~1 500倍液，或8%嘧啶核苷类抗菌素可湿性粉剂500~750倍液喷雾。

（4）科学用药。

1）病害防治

①白粉病：用25%嘧菌酯悬浮剂34克/666.7平方米，或10%苯醚甲环唑1 000倍液喷雾。

②猝倒病，可喷洒72%霜霉威水剂800倍液，或10%苯醚甲环唑水分散粒剂2 000倍液。

③霜霉病：10%氟噻唑吡乙酮12~20毫升/666.7平方米，或64%代森锰锌+8%霜脲氰50~75克/666.7平方米喷雾。

④炭疽病：于发病初期，使用62.5%代锰·腈菌唑可湿性粉剂600~800倍液，或6.25%噁唑菌酮+62.5%代森锰锌水分散性粒剂1 500倍喷雾，25%咪鲜胺乳油2 000倍液。

⑤疫病：用72%克露800倍液或70%代森锰锌800倍液防治。

2）害虫防治

①蚜虫：用50%抗蚜威可湿性粉剂2 500~3 000倍液喷雾。

②斑潜蝇：使用20%灭蝇胺可湿性粉剂30克/666.7平方米或25%噻虫嗪水分散粒剂3克/666.7平方米，对水喷雾。

21. 甘蓝病虫害全程绿色防控技术规程

（1）生态调控。

1）轮作

与非十字花科作物轮作倒茬，避免十字花科蔬菜作物大面积连片或连茬种植。

2）田园清洁

及时清除田间农作物病残体、杂草和农用废弃物，带出田园，集中处理，减少病原菌、虫源数量，达到从源头降低病虫害数量的目的。

3）精耕整地

在十字花科作物定植前进行土壤深耕，深翻 25 厘米，整平耙实。

施足基肥：播前结合耕翻地每 666.7 平方米撒施有机肥 4 000~5 000千克，纯 N 3.6 千克，$P_2O_5$6.0 千克，K_2O 4.8~7.2 千克。有机肥宜采用充分沤制和腐熟的农家肥。施枯草芽孢杆菌菌肥 40 克/666.7 平方米。

4）培育壮苗

①品种选择。根据不同的栽培类型，选用抗病、优质、丰产、抗逆性强的品种。目前，抗枯萎病的甘蓝品种有中甘 18、中甘 96 等。种子质量：符合 GB16715.4 的规定要求，植物检疫合格。

②苗床准备。播前结合翻地，每平方米苗床施腐熟过筛的农家肥 15 千克，磷酸二铵 25 克，并用 50%甲基托布津可湿性粉剂 5 克或 50%多菌灵可湿性粉剂 10 克进行土壤消毒，整平畦面，苗床上铺 15~20 厘米厚的营养土（用 1 份过筛的腐熟的农家肥与 2 份过筛的肥沃园土配制成营养土，每立方米营养土加过磷酸钙 1 千克或磷酸二铵 0.5 千克，枯草芽孢杆菌菌肥 2~3 千克）。

③种子消毒。温汤浸种：将种子放入 55℃ 温水中，即 2 份开水对 1 份凉水，不断搅拌 15 分钟，自然冷却降温后，浸种 4~6 小时；或直接采用 55℃ 温水浸泡种子不断搅拌，随着温度降低不断加入热水使水温稳定在 53~56℃ 维持 15~30 分钟。55℃ 为病菌的致死温度，浸烫种子后，可基本杀死种子表面传带的病菌。

5）免疫诱抗

选择无病虫苗进行移栽。在定植完缓苗后，间隔10~15天，采用叶片喷施的方法，连续施用5%氨基寡糖苏水剂1 000倍液3~4次，可达到促进十字花科作物生长、抗病、抗逆、提高产量和改善品质的效果。

（2）物理防治。

1）灯光诱杀

每2万平方米悬挂一盏电子杀虫灯，离地高度2~1.5米，诱杀甜菜夜蛾等害虫。

2）银灰膜避蚜

设施栽培可铺设或悬挂银灰膜驱避蚜虫等害虫。

3）性诱剂诱杀

通过设置害虫性诱剂，诱杀雄性成虫，减少害虫成虫的交配次数，降低产卵量，控制田间虫口密度。从定植至收获，按照每666.7平方米设置3~5个诱捕器，严格按照距离形成横行、竖行、斜行都整齐，高度在作物上方10~20厘米处，并随作物生长升高诱捕器的高度，20~30天更换一次诱芯。

4）食诱剂诱杀

使用方盒诱捕器。配药方法：生物食诱剂与水1∶1配比，然后以每升害虫生物食诱剂加入杀虫剂5克，混合均匀即可。

施药方法：将方盒诱捕器绑在竹竿上，在方盒中放一张垫片，然后倒入调配好的60~70毫升食诱剂即可。方盒高度高出蔬菜顶部20厘米左右，田间每666.7平方米1~3个均匀分布，交叉分布整个田块。

（3）生物防治。

1）保护和利用自然天敌昆虫

种植适宜不同时期的蜜源植物品种，要求在放蜂期能够开花，为寄生蜂提供栖息场所与蜜源，能提高寄生蜂寄生率。

2）生物农药

①小菜蛾甜菜夜蛾，在虫龄小、虫量低时，建议使用 Bt、小菜蛾颗粒体病毒、短稳杆菌、植物源杀虫剂等。

②枯萎病，应着重在种植前采用枯草芽孢杆菌进行土壤处理以及在苗期灌根处理。

（4）化学防治。

1）害虫防治

①小菜蛾、甜菜夜蛾选择使用氟啶脲、多杀菌素、氯虫苯甲酰胺、虫螨腈、茚虫威、阿维菌素类药剂等；防治小菜蛾的药剂可兼治菜青虫，菜青虫单独严重发生时也可选用高效氯氟氰菊酯等菊酯类药剂。

②蚜虫可选用吡虫啉、噻虫嗪等新烟碱类药剂，高效氯氰菊酯、高效氯氟氰菊酯等拟除虫菊酯类药剂，以及螺虫乙酯、阿维菌素等药剂。

2）病害防治

①细菌性病害：可中生菌素等。

②根肿病：可用氰霜唑、百菌清、甲硫菌灵等浇灌植物根部。

③黑斑病：可用异菌脲、代森锰锌、福美双等进行叶面喷雾。

④霜霉病：用 64%代森锰锌+8%霜脲氰 50~75 克/平方米喷雾，或 10%氟噻唑吡乙酮，或 58%甲霜灵锰锌叶面喷雾。

⑤菌核病：用菌核净、扑海因喷雾防治。

22. 芹菜病虫害全程绿色防控技术规程

（1）生态调控。

1）轮作

播种前清除病残体，深翻整地减少菌源体，重病地实行 2~3 年轮作。

2）选用抗病品种

常规品种如天津黄苗菜、玻璃脆、潍坊青苗、津南实芹1号、美国西芹。

3）培育壮苗

①种子处理。种子在55℃恒温水中浸15分钟不停搅拌，然后立即捞出，投入凉水冷却，催芽播种，预防斑枯病、叶斑病和软腐病。

②苗床准备。播前结合翻地，每平方米苗床施腐熟过筛的农家肥15千克，磷酸二铵25克，并用50%甲基托布津可湿性粉剂5克或50%多菌灵可湿性粉剂10克进行土壤消毒，整平畦面，苗床上铺15~20厘米厚的营养土（用1份过筛的腐熟的农家肥与2份过筛的肥沃园土配制成营养土，每立方米营养土加过磷酸钙1千克或磷酸二铵0.5千克，枯草芽孢杆菌菌肥2~3千克）。

③种子消毒。温汤浸种：将种子放入55℃温水中，即2份开水对1份凉水，不断搅拌15分钟，自然冷却降温后，浸种4~6小时；或直接采用55℃温水浸泡种子不断搅拌，随着温度降低不断加入热水使水温稳定在53~56℃维持15~30分钟。55℃为病菌的致死温度，浸烫种子后，可基本杀死种子表面传带的病菌。

4）精耕施肥

定植前进行土壤深耕，深翻25厘米，整平耙实。

施足基肥：播前结合耕翻地每666.7平方米撒施有机肥4 000~5 000千克，纯N 3.6千克，$P_2O_5$6.0千克，K_2O 4.8~7.2千克。有机肥宜采用充分沤制和腐熟的农家肥。每666.7平方米施枯草芽孢杆菌菌肥40千克。

5）土壤消毒

根结线虫病发病重的地块，可利用太阳能消毒。即在夏季高温季节，深翻地25厘米，撒施500千克切碎的稻草或麦秸，加入100千克氰胺化钙，混匀后起垄，覆膜，膜下灌水，保持20天。

6）免疫诱抗

选择无病虫苗进行移栽。在定植完缓苗后，间隔 10~15 天，采用叶片喷施的方法，连续施用 5%氨基寡糖苏水剂1 000倍液 3~4 次，可达到促进十字花科作物生长、抗病、抗逆、提高产量和改善品质的效果。

（2）物理措施。

1）银灰膜避蚜

设施栽培可铺设或悬挂银灰膜驱避蚜虫等害虫，兼防病毒病。

2）防虫网

温室大棚通风口用 60 目防虫网罩住，防止害虫进入。

（3）生物措施。

1）斑潜蝇

可用 0. 9%~1. 8%阿维菌素乳油3 000~5 000倍液喷雾。

2）软腐病

可用 72%农用硫酸链霉素可溶性粉剂3 000~4 000倍液，或 100 万单位新植霉素4 000倍液喷雾。

3）叶部病害

叶面喷施枯草芽孢杆菌制剂预防。

（4）化学防治。

1）土壤消毒，50%多菌灵可湿性粉剂 2 千克/666. 7 平方米拌细土 20~40 千克，均匀撒在畦内或盖种处理，预防斑枯病等病害。

2）防治斑枯病、叶斑病，可于发病初期，露地用 75%的百菌清可湿性粉剂 600 倍液，或 22. 5%啶氧菌酯，或 10%世高水分散粒剂1 500倍液，或 65%代森锌可湿性粉剂 500 倍液，或 50%代森铵可湿性粉剂1 000倍液喷雾。防治软腐病可用 50%琥胶肥酸铜（DT）可湿性粉剂 500 倍液。保护地内可用 5%百菌清粉尘剂，或 6. 5%万霉灵粉尘剂每 666. 7 平方米用 1 千克，或 45%百菌清烟剂

666.7 平方米用 200 克防治，可兼治叶部其他病害。

3）防治菌核病，可用 50%甲基托布津可湿性粉剂 500 倍液，或 40%菌核净可湿性粉剂 800～1 000倍液，或 50%灰核威可湿性粉剂 800 倍液喷雾。

4）防治蚜虫可选用吡虫啉、噻虫嗪等新烟碱类药剂，高效氯氰菊酯、高效氯氟氰菊酯等拟除虫菊酯类药剂，以及螺虫乙酯、阿维菌素等药剂，兼治粉虱。

23. 露地韭菜病虫害全程绿色防控技术规程

（1）生态调控。

1）选用抗病品种

抗病品种如独根红、马澜韭、大青根、红根韭、雪韭 791、平韭 2 号、平韭 4 号、平韭 5 号。

2）适期播种

韭菜耐低温能力较强，春播应顶凌播种，以便尽早促进植株生长，提高抗病能力。夏季播种宜早不宜迟，南北行播种。

3）科学施肥

合理施肥：冲施有机菌肥，每 666.7 平方米 40 千克。浇灌沼液：韭菜收割 3～5 天，按 2 千克/平方米，加水稀释 1～2 倍，顺韭菜垄沟或沟灌于韭菜根部，间隔 7 天再灌一次。撒施草木灰；韭菜收获后 1～2 天，沿韭菜垄均匀撒施，覆盖地表。

4）扒土晒根

春季土壤解冻，韭菜萌发前扒去表层土。

5）清洁田园

及时摘去并清除病叶、病株，携出田外集中处理，防止病菌蔓延。

6）合理浇水

控制田间湿度，预防疫病。7—8 月适当控水，有利于降低韭蛆基数。

7）免疫诱抗

收割后 7~10 天喷施一次植物诱抗剂，如 5%氨基寡糖素水剂 800 倍液。

（2）理化诱控。

1）高温覆膜法

4 月中旬至 9 月中旬，选择太阳光线强烈（55 000勒克斯）的天气，在韭菜割去 1~2 天，覆盖厚度 10~12 丝的浅蓝色流滴膜，上午 8 点前盖膜，下午 6 点左右掀膜，保持土壤温度 40℃以上 3 小时即可，防止土壤温度超过 50℃而对韭菜造成损伤。掀膜后立即浇水进行缓苗。

2）色板诱杀

在田间悬挂黑色粘板监测，垂直悬挂，昆虫病原线虫黑色粘板的下底边距离地面 10~20 厘米，每 666.7 平方米悬挂黑色粘板数为 60~80 块。

（3）生物防治。

1）害虫防治

可选用以下措施之一或联合使用。

①1.1%苦参碱粉剂 2~4 克/666.7 平方米灌根。灌根方法：扒开韭菜根茎附近的表土，去掉常用喷雾器的喷头，打小气，对准韭菜根部喷药，喷后立即覆土。

②灭幼脲：选择温暖无风天气，扒开韭墩，晾晒根 2~3 天后，每 666.7 平方米用 25%灭幼脲 3 号悬浮剂 250 毫升，对水 50~60 千克，顺垄灌于韭菜根部，然后再浇一次透水，盖膜后一般不再浇水。

③Bt 制剂：水剂采用根部淋灌法，使用浓度为 1×10^{8} 个孢子/毫升，间隔 7~10 天，连续施用 3 次，也可选用球孢白僵菌制剂。兼治葱须鳞蛾。

④昆虫病原线虫：在 4 月上旬至 10 月期间土壤温度达到 20℃以上使用，一年用 2~3 次。施用时间为韭蛆幼虫 2~3 龄期。

施用方法：结合田间灌水将线虫（2 亿条/666.7 平方米）冲施到土壤内。在有机蔬菜田，采用“线虫+黑色粘虫板”技术。在常规蔬菜田，采用“线虫+噻虫嗪”技术。将病原线虫（0.5 亿条/666.7 平方米）+噻虫嗪（田间用量的 1/6）制得混合悬浮液，分别施用两次，间隔 28 天。采用穴施、喷施于距离地面根茎部 20 厘米的范围内，每 666.7 平方米施用组合液量 60～80 升，施用后直接浇水灌溉。

2）防治灰霉病

24%井冈霉素1 500倍液防治或1 000亿个/克枯草芽孢杆菌 300～500 倍液喷雾预防灰霉病。也可选用寡雄腐霉、木霉菌制剂喷雾预防。

（4）科学用药。

1）防除杂草

韭菜播后苗前每 666.7 平方米用 48%仲丁灵乳油或 33%二甲戊灵乳油 150～200 毫升，对水 50～60 千克，均匀喷于地表。苗期可喷施 1.8%高效氟吡甲禾灵乳油每 666.7 平方米 15～20 毫升，或 15%精吡氟禾草灵乳油每 666.7 平方米 40～50 毫升。

2）防治虫害

①韭蛆成虫：可于春、秋季成虫羽化盛期（一般在 4 月中、下旬，9 月中、下旬），喷洒 20%氰戊菊酯乳油 200 倍液，或 5%高效氯氰菊酯乳油2 000倍液喷雾。上午 9～10 时喷药。韭蛆幼虫：于幼虫为害盛期（一般在 5 月上旬、7 月下旬和 10 月中下旬）施药。可选用 25%噻虫胺水分散粒剂 120 克/666.7 平方米、25%噻虫嗪 120 克/666.7 平方米、40%辛硫磷乳油 300 毫升/666.7 平方米，分别与 5%氟铃脲乳油混用。使用方法：可在韭菜收割 2～3 天后顺垄根淋浇，药液量 300 千克/666.7 平方米。

②葱须鳞蛾：可用 10%氯虫苯甲酰胺1 500倍液喷雾。

③蓟马：用 12%乙基多杀菌素2 000倍液喷雾。

3）防治病害

①疫病：于发病前，选用68.75%噁唑锰锌水分散粒剂1 000倍液，或75%百菌清可湿性粉剂600倍液，或80%代森锰锌可湿性粉剂600倍液喷雾保护；发病初期，可用72%霜脲锰锌可湿性粉剂600倍液、53.8%甲霜灵锰锌可湿性粉剂600倍液，或52.5%噁酮·霜脲氰水分散性粒剂1 500~2 000倍液，或72%霜霉威水剂600~1 000倍液，或10%氟噻唑吡乙酮油悬浮剂1 000倍液交替喷雾防治。

②灰霉病：韭菜每次培土前喷1次药，割后3~4天地面也要喷药。保护地韭菜优先选用粉尘剂、烟雾剂，在干燥的晴天也可喷雾。可选用6.5%甲霉灵粉尘剂或6.5%万霉灵粉尘剂1克/666.7平方米，7天喷一次。烟雾剂可选用45%百菌清烟雾剂或45%扑海因烟雾剂120克/666.7平方米，分放5~6处，于傍晚点燃，闭棚一夜。喷雾可选用50%速克灵可湿性粉剂1 000~1 500倍液，或50%扑海因可湿性粉剂1 000倍液，或50%灰核威可湿性粉剂800倍液，兼治菌核病。注意扑海因尽量别与腐霉利（速克灵）等作用方式相同的杀菌剂混用或轮用。

24. 设施草莓病虫害全程绿色防控技术规程

（1）生态调控。

1）土壤生态

①轮作。与非茄科蔬菜轮作。

②土壤消毒。非轮作大棚需要在草莓收获结束后，施入未腐熟的有机肥如牛粪或猪粪、麦秸、玉米秸及各类蔬菜秸秆1 500~2 000千克，撒施石灰氮80千克后一起翻入耕层土壤，做0.8~2米宽、高15厘米的平畦，或直接做成草莓定植畦。铺上薄膜，膜下大水漫灌后，密闭大棚，6—8月份闷棚25天以上。揭棚后10天整地作畦定植。

③清洁田园。清除上茬作物残留枝叶，带出田外集中处理，

降低病（虫）源基数。

④科学施肥。根据草莓生育期和土壤肥力状况，施用腐熟有机肥3 000～5 000千克/666.7平方米，磷肥40～50千克/666.7平方米，复合肥20千克，枯草芽孢杆菌菌肥（5亿/克）40克/666.7平方米。

2）健康种苗

①品种选择。宜选择休眠深或较深，抗病、优质、丰产、商品性好、耐储运的品种。

②种苗质量。一是严格按照三系标准繁殖的种苗；二是无根部病害、叶部病害（枯萎病、红中柱根腐病、炭疽病等病害）。

3）健身栽培

①移栽时期。当假植苗在顶芽分化后，幼苗达5片展开叶、苗重约20克、新茎粗1厘米以上时移栽定植。

②栽植方法。大垄双行栽植。垄高30～40厘米，上宽50～40厘米，下宽70～80厘米，垄沟宽20厘米。株距15～18厘米，小行距25～35厘米。棚室栽培8 000株/666.7平方米，露地栽培9 000株/666.7平方米。尽量选阴雨天或晴天下午4点以后，带土移栽，新茎的弓背一律向外。

③苗期管理。缓苗期一般20天左右，定植后前3天每天浇水一次，以后根据墒情适当浇水，确保幼苗扎根生长；幼苗长出3～4片新叶后，及时追肥，追施尿素10千克/666.7平方米或复合肥10～15千克/666.7平方米。及时摘除老叶，中耕除草，保墒。每隔10天左右，喷一次5%氨基寡糖素1 000倍液，共喷2～3遍。

④越冬期管理。11月中下旬当日平均温度在3～5℃时，选择无风天气，覆黑色地膜。覆膜前平整地面，除去老叶、病叶，浇一遍越冬水，覆膜后4周压土盖严，根据天气情况及时覆草，确保草莓安全越冬。

⑤春季结果前管理。当日平均温度达到5℃左右，草莓开始

生长时，破膜提苗，土封植株基部，摘除老叶、病叶，浇一遍返青水，并结合浇水追施尿素 10 千克/666.7 平方米。开花前追施一次复合肥 10~15 千克/666.7 平方米。并根据墒情及时浇水，一般在土壤解冻后草莓萌芽前和现蕾前各浇一次水。

⑥结果期管理。根据田间草莓生长情况追肥 1~2 次，每次追施腐植酸冲施肥 10 千克。小水勤浇，幼果膨大期及时浇足水，果实成熟期浇水不宜大水漫灌。

（2）理化诱控。

1）防虫网

设施设 60 目防虫网，温室大棚的通风口用尼龙纱网罩住，防止蚜虫、粉虱等害虫进入。

2）49%软皂水剂 50~100 倍（体积比 1%~2%），施药时间一般在蔬菜草莓蚜虫、白粉虱、红蜘蛛等小型软体害虫发生的初盛期，每 666.7 平方米田对清水 40~60 千克，充分混匀后整株均匀喷雾（正反面均匀喷到）。

（3）生物防治。

1）蜜蜂授粉

在温室作物草莓开花前 1~2 天，在傍晚时将蜂群放入温室，1 群蜜蜂即可满足 1 000平方米授粉需要。如果一个温室放置 1 群蜂，蜂箱应放置在温室中部；如果一个温室内放置 2 群或 2 群以上蜜蜂，则将蜂群均匀置于温室中。蜂箱应放在作物垄间的支架上。支架高度 30 厘米左右。若喷施化学农药应移出蜂箱 2~3 天，确保蜜蜂安全。

2）防治害虫

①生物农药

a. 鳞翅目害虫可选用 Bt（200 国际单位/毫升）200 倍、或核多角体病毒 2 克/666.7 平方米，对水喷雾。

b. 蚜虫可用藜芦碱或印楝素喷雾。

c. 蓟马可选用 60g/升乙基多杀菌素悬浮剂 1 000~1 500倍

液，或 25 克/升多杀霉素悬浮剂 800～1 000倍液，或 1.5%苦参碱可溶性液剂1 000～1 500倍液，或 7.5%鱼藤酮1 500倍液等喷雾。

②天敌昆虫

a. 防治蓟马类害虫

天敌品种：小花蝽、黄瓜新小绥螨、巴氏新小绥螨。

释放技术：定植 7～10 天后，加强监测，发现害虫即可释放天敌。小花蝽按 300～400 头/666.7 平方米，隔 7～10 天释放一次，连续释放 2～4 次；黄瓜新小绥螨或巴氏新小绥螨按 5～10 头/株释放一次，20 天后按 20～30 头/株再释放一次。

b. 防治害螨

害螨种类：朱砂叶螨、截形叶螨、二斑叶螨等。

天敌品种：黄瓜新小绥螨、巴氏新小绥螨、智利小植绥螨。

释放技术：定植 10～15 天后，加强监测，发现害螨即可释放捕食螨。黄瓜新小绥螨或巴氏新小绥螨按5 000～10 000头/666.7 平方米，间隔 25～30 天后再按20 000～30 000头/666.7 平方米释放一次；智利小植绥螨按3 000头/666.7 平方米，隔 15～20 天释放一次，连续释放 2～3 次。

c. 防治蚜虫类害虫

害虫种类：桃蚜、瓜蚜、豌豆蚜、萝卜蚜。

天敌品种：食蚜瘿蚊、瓢虫、草蛉、蚜茧蜂。

释放技术：定植 7～10 天后，加强监测，发现害虫即可释放天敌。食蚜瘿蚊按 200～300 头/666.7 平方米，隔 7～10 天释放一次，连续释放 3～4 次；瓢虫（卵）按1 000头/666.7 平方米，隔 7～10 天释放一次，连续释放 2～3 次；蚜茧蜂按2 000～4 000头/666.7 平方米，隔 7～10 天释放一次，连续释放 3 次。

3）防治病害

防治灰霉病：以开花前与花后结果期为重点，生产上一般在盖大棚后（11 月上旬）和 12 月上旬两个重点时期，在阴雨天多时，注意在果实采收前或采收后间隔一周左右用药 1～2 次。兼治白粉病、炭疽病，选择药剂有：1 000亿 CFU/克枯草芽孢杆菌可湿性粉剂 500 倍+24%井冈霉素 A 水剂 500～1 000倍；24%井冈霉素 A 水剂 500～1 000倍+3%氨基寡糖素水剂 500 倍等；3 亿 CFU/克哈茨木霉菌+1 000亿 CFU/克枯草芽孢杆菌可湿性粉剂 500 倍；3%多抗霉素可湿性粉剂+0.3%丁子香酚水溶液剂 500～1 000倍；10 亿 CFU/克解淀粉芽孢杆菌 B1619 可湿性粉剂 100 倍。

（4）科学用药。

1）防治害虫

要选用对天敌、蜜蜂等昆虫毒性较小的药剂。

①蚜虫：可用氟啶虫胺腈、氯噻啉、啶虫脒、噻虫啉、氟啶虫酰胺、吡蚜酮。

②鳞翅目害虫：可用氯虫苯甲酰胺、氟虫双酰胺、三氟甲吡醚。

③蓟马：可用的有乙基多杀霉素、三氟甲吡醚。

④红蜘蛛：可用噻螨酮、唑螨酯、乙螨唑、联苯肼酯、螺虫乙酯、丁氟螨酯等。

2）防治病害

①灰霉病：结合发病后可选用嘧菌环胺、唑醚·氟酰胺、咯菌腈等。

②白粉病：可用氟吡菌酰胺+肟菌酯、醚菌酯+啶酰菌胺、肟菌戊唑醇、硝苯菌酯、吡唑醚菌酯等。

25. 设施韭菜病虫害全程绿色防控技术规程

（1）生态调控。

1）选用抗病品种

抗病品种如独根红、马澜韭、大青根、红根韭、雪韭 791、平韭 2 号、平韭 4 号、平韭 5 号。

2）适期播种

韭菜耐低温能力较强，春播应顶凌播种，以便尽早促进植株生长，提高抗病能力。夏季播种宜早不宜迟，南北行播种。

3）科学施肥

合理施肥：冲施有机菌肥，每 666.7 平方米用 40 千克。浇灌沼液：韭菜收割后 3~5 天，按 2 千克/平方米，1334 克/666.7 平方米加水稀释 1~2 倍，顺韭菜垄沟或沟灌于韭菜根部，间隔 7 天再灌一次。撒施草木灰：韭菜收获后 1~2 天，沿韭菜垄均匀撒施，覆盖地表。

4）扒土晒根

冬季扣模前扒土晾根，露出“韭胡”，晾晒 7~10 天。

5）清洁田园

及时摘去并清除病叶、病株，携出田外集中处理，防止病菌蔓延。

6）通风降湿

深冬时及时通风降湿，预防灰霉病发生，通风量要根据韭菜长势而定，刚割的韭菜或棚外温度低时，通风要小，严防扫地风。

7）合理浇水

控制田间湿度，预防疫病。7—8 月适当控水，有利于降低韭蛆基数。

8）免疫诱抗

收割后 7~10 天喷施一次植物诱抗剂，如 5%氨基寡糖素水剂 800 倍液。

（2）理化诱控。

1）高温覆膜法

4—5 月中旬至 9 月中旬，选择太阳光线强烈（55 000勒克斯）的天气，在韭菜割去 1~2 天，覆盖厚度 10~12 丝的浅蓝色流滴膜，上午 8 点前盖膜，下午 6 点左右掀膜，保持土壤温度

40℃以上3小时即可，防治土壤温度超过50℃而对韭菜造成损伤。掀膜后立即浇水进行缓苗。

2）色板诱杀

在设施内悬挂黑色粘板，垂直悬挂，粘板的下底边距离地面10~20厘米，每666.7平方米悬挂黑色粘板数为60~80块。每两周更换一次粘板，注意粘板应避开棚室滴水点。

3）设置防虫网

在棚室通风口设置60目防虫网，防止韭蛆成虫、斑潜蝇等侵入为害。

（3）生物防治。

1）害虫防治

可选用以下措施之一或联合使用。

①1.1%苦参碱粉剂：2~4千克/666.7平方米灌根。灌根方法：扒开韭菜根茎附近的表土，去掉常用喷雾器的喷头，打小气，对准韭菜根部喷药，喷后立即覆土。

②灭幼脲：秋季临近盖膜期，选择温暖无风天气，扒开韭墩，晾晒根2~3天后，每666.7平方米用25%灭幼脲3号悬浮剂250毫升，对水50~60千克，顺垄灌于韭菜根部，然后再浇一次透水，盖膜后一般不再浇水。

③Bt制剂：水剂采用根部淋灌法，使用浓度为1×10^8孢子/毫升，间隔7~10天，连续施用3次。也可选用1×10^8孢子/克球孢白僵菌颗粒剂，每666.7平方米使用30千克，拌土撒施，兼治葱须鳞蛾。

④昆虫病原线虫：在韭蛆幼虫发生的早春（3月底至4月初）、早秋（9月底至10月初）土壤温度达到20℃以上施用昆虫病原线虫2次。施用方法：结合田间灌水将线虫（2亿条/666.7平方米）冲施到土壤内，尽量选择早晚或者阴天时使用。在有机韭菜田，采用“线虫+黑色粘虫板”技术。

2）防治灰霉病

24%井冈霉素：1 500倍液防治或1 000亿个/克枯草芽孢杆菌300~500倍液喷雾预防灰霉病。也可选用寡雄腐霉、木霉菌制剂喷雾预防。

（4）科学用药。

1）防除杂草

韭菜播后苗前每666.7平方米用48%仲丁灵乳油或33%二甲戊灵乳油150~200毫升，对水50~60千克，均匀喷于地表。苗期可喷施1.8%高效氟吡甲禾灵乳油每666.7平方米用15~20毫升，或15%精吡氟禾草灵乳油每666.7平方米用40~50毫升。

2）防治虫害

①韭蛆成虫：可于春、秋季成虫羽化盛期（一般在4月中下旬，10月中下旬），喷洒20%氰戊菊酯乳油200倍液，或5%高效氯氰菊酯乳油2 000倍液喷雾。上午9~10时喷药。韭蛆幼虫：于幼虫为害盛期（早春3月底至4月初、早秋9月底至10月初）施药。可选用25%噻虫胺水分散粒剂120克/666.7平方米、25%噻虫嗪水分散颗粒剂120克/666.7平方米、40%辛硫磷乳油300毫升/平方米，分别与5%氟铃脲乳油混用。使用方法：韭菜收割2~3天后，喷雾器去掉喷头顺垄根淋浇，药液量300千克/666.7平方米。

②葱须鳞蛾：用10%氯虫苯甲酰胺1 500倍液喷雾。

③蓟马：用12%乙基多杀菌素2 000倍液喷雾。

3）防治病害

①疫病：于发病前，选用68.75%噁唑锰锌水分散粒剂1 000倍液，或75%百菌清可湿性粉剂600倍液，或80%代森锰锌可湿性粉剂600倍液喷雾保护；发病初期，可用72%霜脲锰锌可湿性粉剂600倍液、53.8%甲霜灵锰锌可湿性粉剂600倍液，或52.5%噁酮·霜脲氰水分散性粒剂1 500~2 000倍液，或72%霜霉威水剂600~1 000倍液，或10%氟噻唑吡乙酮油悬浮剂1 000

倍液交替喷雾防治。

②灰霉病：韭菜每次培土前喷 1 次药，割后 3~4 天地面也要喷药。保护地韭菜优先选用粉尘剂、烟雾剂，在干燥的晴天也可喷雾。可选用 6.5%甲霉灵粉尘剂或 6.5%万霉灵粉尘剂每 666.7 平方米用 1 千克，7 天喷一次。烟雾剂可选用 45%百菌清烟雾剂或 45%扑海因烟雾剂每 666.7 平方米用 120 克，分放 5~6 处，于傍晚点燃，闭棚一夜。喷雾可选用 50%腐霉利可湿性粉剂 1 000~1 500倍液，或 50%扑海因可湿性粉剂 1 000倍液，或 50%灰核威可湿性粉剂 800 倍液，兼治菌核病。

26. 设施（甜）辣椒病虫害全程绿色防控技术规程

（1）生态调控。

1）合理轮作

对设施（甜）辣椒实行 2~3 年以上轮作倒茬，可有效减轻土传病虫害发生。

2）清洁田园

及时清除田间农作物病残体、杂草和农用废弃物，带出田园，集中处理，减少病原菌、虫源数量，从源头降低病虫害基数。

3）土壤消毒

可在夏季高温季节深翻地 25 厘米，每 666.7 平方米撒施 500 千克切碎的稻草或麦秸，加入 100 千克氰胺化钙，混匀后起垄，铺地膜，灌水，持续 20 天。

4）健身栽培

①选用抗性品种。因地制宜地选用高抗、多抗优良品种，如良椒 2313、绿椒 2 号、罗斯宝及荷兰芭莱姆等品种抗病性较好。选定品种后，要选择适宜的播种期，避开某些病虫害的发生盛期。

②种子消毒。甜辣椒种子用 55℃水浸种 10~15 分钟，预防

种传病虫害发生。

③培育无病虫壮苗。选择背风向阳地块作为苗床，育苗前及时清除苗床内残根败叶和杂草。采用营养钵护根育苗或穴盘育苗，配制营养土时采用无病菌床土，施用充分腐熟的有机肥和少量无机肥，播种前对苗床土进行消毒处理，出苗后加强苗床管理，定植时选用优质适龄无病虫壮苗，汰除病苗。

④土壤处理。定植前每 666.7 平方米使用>5 亿/克枯草芽孢杆菌+胶冻样类芽孢杆菌菌剂 40 千克改良土壤生态，预防土传病害。

5）免疫诱抗

待种子出齐苗后，每隔 10 天左右，喷一次 5%氨基寡糖素 1 000倍液，共喷 2~3 遍。

（2）理化诱控。

利用 60 目防虫网防蚜虫、白粉虱等害虫。

（3）生物防控。

1）生物菌剂

①使用 0.3 亿/毫升蜡蚧轮枝菌喷雾防治烟粉虱。

②穴施淡紫拟青霉 800~1 000克/666.7 平方米，防治根结线虫。

③100 亿活孢子/克枯草芽孢杆菌防治灰霉病等叶部病害。

2）天敌控害

①烟粉虱：（甜）辣椒定植一周内，开始释放丽蚜小蜂。一般每 666.7 平方米每次放蜂2 000~3 000头；单株粉虱成虫超过 10 头时，可用药剂防治一次，压低基数，7 天后再放蜂一次，共放蜂 2~3 次。

②蓟马：在（甜）辣椒刚刚定植后或初见害虫时即可开始释放。将东亚小花蝽产品包装打开，直接撒在作物上，尽量均匀释放。每次释放 200~300 头/666.7 平方米，每 2~4 周释放一次，连续释放 2~3 次。

③红蜘蛛：在（甜）辣椒定植一周内，采用盲撒或点撒。旋开瓶盖，从盖口小孔将捕食螨连同基质轻轻撒放于植物叶片上（盲撒）；在有成片聚集叶螨的叶片上，撒一小堆（点撒）。根据叶螨发生量，每次释放9 000~15 000头/666.7 平方米，每周释放1~2 次，连续释放至生产结束。

3）生物农药

①害虫防治

a. 烟粉虱、蚜虫：0.5%苦参碱500 倍液喷雾。

b. 棉铃虫鳞翅目害虫：在卵孵化盛期喷施 Bt（200 国际单位/毫克）乳剂 200 倍液。或用核型多角体病毒 2 克/666.7 平方米对水喷雾。

c. 斑潜蝇：0.9%或 1.8%阿维菌素乳油1 500倍液，兼治害螨。

②病害防治

a. 细菌性叶斑病：用 72%农用硫酸链霉素可溶性粉剂 3 000~4 000倍液喷雾。

b. 灰霉病、炭疽病：用 1%武夷菌素水剂 150~200 倍液喷雾。

c. 病毒病：在发病初期使用 1.5%植病灵乳油1 000倍液，或20%病毒 A 可湿性粉剂 500 倍液，或 50%菌毒清水剂 200 倍液喷雾。

（4）科学用药。

1）害虫防治

①烟粉虱：10%吡虫啉可湿性粉剂3 000倍液、10%灭幼酮或25%灭螨猛乳油1 000~1 500倍液、2.5%天王星（联苯菊酯）EC3 000倍液。

②蚜虫：用50%抗蚜威可湿性粉剂2 500~3 000倍液喷雾。

③害螨：用73%克螨特乳油或 15%哒螨酮乳油1 500倍液喷雾。

④棉铃虫等鳞翅目害虫：用 20%氯虫苯甲酰胺2 000倍液喷雾。

2）病害防治

作物定植后，喷施百菌清、代森锰锌等保护性杀菌剂，预防灰霉病、白粉病等。

①疫病：用 64%代森锰锌+8%霜脲氰 600~800 倍液，或52.5%霜脲氰·噁唑菌酮可湿性粉剂 40 克/666.7 平方米对水喷雾。

②根腐病：用 50%多菌灵可湿性粉剂 500 倍液。

③灰霉病：22.5%啶氧菌酯 30~40 毫升/平方米，或 25%嘧菌酯悬浮剂 34 克/666.7 平方米对水喷雾 2~3 次，施药间隔 10~15 天。

④细菌性叶斑病：用 50%琥胶肥酸铜（DT）可湿性粉剂 500 倍液，或 46%氢氧化铜 20~30 克/666.7 平方米喷雾。

⑤炭疽病：用 25%咪鲜胺 1 000倍液，或 22.5%啶氧菌酯 30~40 毫升/平方米喷雾。

27. 设施西葫芦病虫害全程绿色防控技术规程

（1）生态调控。

1）轮作换茬

与其他科蔬菜轮作。

2）清洁田园

清除田间及周围杂草，深翻土地，破坏病虫越冬场所，减少病虫基数。

3）精细整地

①土壤消毒。土传病害重的地块可在夏季高温季节深翻地 25 厘米，每 666.7 平方米撒施 500 千克切碎的稻草或麦秸，加入 100 千克氰胺化钙，混匀后起垄，铺地膜，灌水，持续 20 天。

②棚室消毒。用 50%多菌灵可湿性粉剂 500 倍液，对棚室、

地面、棚顶、墙面及农具等喷雾消毒。或密闭棚室，每 666.7 平方米用 10%异丙威烟剂 35 克，45%百菌清烟剂 65 克进行熏蒸，消灭棚内病源、虫源。

4）健身栽培

①选用抗病品种。根据当地病虫发生情况因地制宜选择抗耐病品种，如京葫 35、早青等。

②种子消毒。温汤浸种：将种子倒入 55℃温水中，并不断搅拌，至常温，晾干，用 100 亿活孢子/克枯草芽孢杆菌 100 倍液拌种，可预防炭疽病等。

③土壤处理。定植前每 666.7 平方米使用>5 亿/克枯草芽孢杆菌+胶冻样类芽孢杆菌菌剂 10 千克改良土壤生态，预防茎基腐病、根腐病等。

5）免疫诱抗

待种子出齐苗后，每隔 10 天左右，喷一次 5%氨基寡糖素 1 000倍液，共喷 2~3 遍。

（2）理化诱控。

棚室定植前，消毒后，在棚室上下通风口安装上 60 目防虫网，阻隔害虫进入棚内为害。

（3）生物防治。

1）生物菌剂

①使用 0.3 亿/毫升蜡蚧轮枝菌喷雾防治烟粉虱。

②穴施淡紫拟青霉 800~1 000克/666.7 平方米，防治根结线虫。

2）天敌控害

①烟粉虱：定植一周内，开始释放丽蚜小蜂。一般每 666.7 毫升每次放蜂2 000~3 000头；单株粉虱成虫超过 10 头时，可用药剂防治一次，压低基数，7 天后再放蜂一次，共放蜂 2~3 次。

②蓟马：在发生初期释放小花蝽，释放量为 300~600 头/666.7 平方米，10 天后再释放一次，共释放 2~3 次。

③红蜘蛛：使用智利小植绥螨10 000～15 000头/666.7平方米在发生初期释放，每7～10天释放一次，至生产结束。

3）生物农药

①害虫防治。

a. 烟粉虱、蚜虫：0.5%苦参碱500倍液喷雾。

b. 红蜘蛛：用10%浏阳霉素乳油，或49%软皂水剂50～100倍液（体积比1%～2%）喷雾。

c. 棉铃虫、菜青虫：在卵孵化盛期喷Bt（200国际单位/毫克）乳剂200倍液喷雾。也可选择印楝素、核多角体病毒等生物制剂防治。

②病害防治。

a. 叶斑病：可用100亿/毫升多黏类芽孢杆菌300～500倍液喷雾。

b. 灰霉病：用1%武夷菌素水剂150～200倍液喷雾。

c. 白粉病：可用10%宁南霉素可溶性粉剂1 200～1 500倍液，或8%嘧啶核苷抗菌素可湿性粉剂500～750倍液喷雾。

（4）科学用药。

1）病害防治

①茎基腐病：用70%甲基托布津可湿性粉剂1 000倍液喷雾。

②白粉病：用25%嘧菌酯悬浮剂34克/666.7平方米，或10%苯醚甲环唑1 000倍液喷雾。

③炭疽病：于发病初期，使用62.5%代锰·腈菌唑可湿性粉剂600～800倍液，或6.25%噁唑菌酮+62.5%代森锰锌水分散性粒剂1 500倍喷雾，25%咪鲜胺乳油2 000倍液。

④根结线虫，可用41.7%氟吡菌酰胺悬浮剂处理土壤。

2）害虫防治

①烟粉虱：12%乙基多杀菌素2 000倍液、10%灭幼酮或25%灭螨猛乳油1 000～1 500倍液、2.5%联苯菊酯EC3 000倍液。

②蚜虫：用50%抗蚜威可湿性粉剂2 500～3 000倍液喷雾。

③斑潜蝇：使用20%灭蝇胺可湿性粉剂30克/666.7平方米或25%噻虫嗪水分散粒剂3克/666.7平方米对水喷雾。

④害螨：用73%克螨特乳油或15%哒螨酮乳油1 500倍液喷雾。

28. 设施茄子病虫害全程绿色防控技术规程

（1）生态调控。

1）合理轮作

避免与番茄、辣椒等茄科蔬菜连作，实行3年以上轮作，预防绵疫病、褐纹病、黄萎病等。

2）清洁田园

及时清除田间农作物病残体、杂草和农用废弃物，带出田园，集中处理，减少病原菌、虫源数量，从源头降低病虫害基数。

3）精细整地

①土壤消毒。土传病害重的地块可在夏季高温季节深翻地25厘米，每666.7平方米撒施500千克切碎的稻草或麦秸，加入100千克氰胺化钙，混匀后起垄，铺地膜，灌水，持续20天。

②棚室消毒。定植前用百菌清烟剂、硫黄、辣根素水乳剂、50%复合生物熏蒸剂或臭氧熏蒸2~3个小时，对棚室消毒，降低病原菌和害虫基数。

4）健身栽培

①选用抗病虫品种。根据当地病虫发生情况因地制宜选择抗耐病品种，选择合适的抗病虫茄子品种。

②种子消毒。温汤浸种：播种前2~3天进行浸种，先将种子在冷水中预浸3~4小时，然后将种子置于50℃温水浸种30分钟或55℃温水浸种15分钟，立即用冷水降温后晾干备用。

③嫁接。用特鲁巴姆作砧木嫁接。

④土壤处理。定植前每666.7平方米使用>5亿/克枯草芽孢

杆菌+胶冻样类芽孢杆菌菌剂 40 千克改良土壤生态，预防土传病害。

5）免疫诱抗

待种子出齐苗后，每隔 10 天左右，喷一次 5%氨基寡糖素 1 000倍液，共喷 2~3 遍。

（2）理化诱控。

利用 60 目防虫网防蚜虫、白粉虱等害虫。

（3）生物防治。

1）生物菌剂

①使用 0.3 亿/毫升蜡蚧轮枝菌喷雾防治烟粉虱。

②穴施淡紫拟青霉 800~1 000克/666.7 平方米，防治根结线虫。

2）天敌控害

①烟粉虱：番茄定植一周内，开始释放丽蚜小蜂。一般每 666.7 平方米每次放蜂2 000~3 000头；单株粉虱成虫超过 10 头时，可用药剂防治一次，压低基数，7 天后再放蜂一次，共放蜂 2~3 次。

②蓟马：在发生初期释放小花蝽，释放量为 300~600 头/666.7 平方米，10 天后再释放一次，共释放 2~3 次。

③红蜘蛛：定植一周内，采用盲撒或点撒。旋开瓶盖，从盖口小孔将捕食螨连同基质轻轻撒放于植物叶片上（盲撒）；在有成片聚集叶螨的叶片上，撒一小堆（点撒）。根据叶螨发生量，每次释放9 000~15 000头/666.7 平方米，每周释放 1~2 次，连续释放至生产结束。

3）生物农药

①害虫防治

a. 害螨：0.9%或 1.8%阿维菌素乳油 1 500倍液，兼治潜叶蝇。

b. 烟粉虱、蚜虫：0.5%苦参碱 500 倍液喷雾。

c. 棉铃虫等鳞翅目害虫：在卵孵化盛期喷施 Bt（200 国际单位/毫克）乳剂 200 倍液，或核型多角体病毒 2 克/666.7 平方米对水喷雾。

②病害防治

a. 灰霉病：用 1%武夷菌素可湿性粉剂 150～200 倍液，或 40%纹霉星可湿性粉剂每 666.7 平方米 60 克。

b. 青枯病：用 72%农用硫酸链霉素可溶性粉剂4 000倍液。

（4）科学用药。

1）害虫防治

①烟粉虱：10%吡虫啉可湿性粉剂3 000倍液、10%灭幼酮或 25%灭螨猛乳油1 000～1 500倍液、2.5%联苯菊酯 EC 3 000倍液。

②害螨：用 73%克螨特乳油或 15%哒螨酮乳油 1 500倍液喷雾。

③蚜虫：50%抗蚜威可湿性粉剂2 500～3 000倍液喷雾。

④蓟马：用 12%乙基多杀菌素2 000倍液喷雾。

2）病害防治

①定植时穴坑或垄沟喷淋 68%金雷 500 倍液，40～60 毫升对水 60 千克进行土壤表面封闭处理，防控茄子茎基腐病立枯病和猝倒病。

②灰霉病：用 40%疫霉灵 200 倍液、50%扑海因 800 倍液。

③褐纹病、绵疫病：6.25%噁唑菌酮+62.5%代森锰锌可湿性粉剂 800～1 200倍液，或 64%杀毒矾 M8 可湿性粉剂 400～500倍液，或 10%世高水分散粒剂1 500倍液，或 58%甲霜灵锰锌可湿性粉剂 500～600 倍液，或 75%百菌清可湿性粉剂 600 倍液喷雾。

④青枯病：46%氢氧化铜、50%琥胶肥酸铜（DT）400 倍液、14%络氨铜 300～500 倍液。

29. 设施西瓜病虫害全程绿色防控技术规程

（1）生态调控。

1）轮作换茬

与其他科蔬菜轮作。

2）清洁田园

清除田间及周围杂草，深翻土地，破坏病虫越冬场所，减少病虫基数。

3）精细整地

①土壤消毒。土传病害重的地块可在夏季高温季节深翻地25厘米，每666.7平方米撒施500千克切碎的稻草或麦秸，加入100千克氰胺化钙，混匀后起垄、铺地膜、灌水，持续20天。

②棚室消毒。用50%多菌灵可湿性粉剂500倍液，对棚室、地面、棚顶、墙面及农具等喷雾消毒。或密闭棚室，每666.7平方米用10%异丙威烟剂35克，45%百菌清烟剂65克进行熏蒸，消灭棚内病源、虫源。

4）健身栽培

①选用抗病品种。根据当地病虫发生情况因地制宜选择抗耐病品种，如鲁青7号、金牌甜王等。

②种子消毒。温汤浸种：将种子倒入55℃温水中，并不断搅拌，至常温，晾干，用100亿活孢子/克枯草芽孢杆菌100倍液拌种，可预防炭疽病等。

③嫁接育苗。一般采用插接法，专用白籽南瓜砧木。

④土壤处理。定植前每666.7平方米使用>5亿/克枯草芽孢杆菌+胶冻样类芽孢杆菌菌剂10千克改良土壤生态，预防枯萎病等土传病害。

5）免疫诱抗

待种子出齐苗后，每隔10天左右，喷一次5%氨基寡糖素1 000倍液，共喷2~3遍。

（2）理化诱控。

棚室定植前，消毒后，在棚室上下通风口安装上 60 目防虫网，阻隔害虫进入棚内为害。

（3）生物防治。

1）生物菌剂

①使用 0.3 亿/毫升蜡蚧轮枝菌喷雾防治烟粉虱。

②穴施淡紫拟青霉 800～1 000克/666.7 平方米，防治根结线虫。

③用枯草芽孢杆菌防治白粉病、疫病、灰霉病等叶部病害。

2）天敌控害

①烟粉虱：定植一周内，开始释放丽蚜小蜂。一般每 666.7 平方米每次放蜂2 000～3 000头；单株粉虱成虫超过 10 头时，可用药剂防治一次，压低基数，7 天后再放蜂一次，共放蜂 2～3 次。

②蓟马：在发生初期释放小花蝽，释放量为 300～600 头/666.7 平方米，10 天后再释放一次，共释放 2～3 次。

③红蜘蛛：使用智利小植绥螨10 000～15 000头/666.7 平方米在发生初期释放，每 7～10 天释放一次，至生产结束。

3）生物农药

①害虫防治

a. 烟粉虱、蚜虫：0.5%苦参碱 500 倍液喷雾。

b. 红蜘蛛：用 10%浏阳霉素乳油，或 49%软皂水剂 50～100 倍液（体积比 1%～2%）喷雾。

c. 棉铃虫、菜青虫：在卵孵化盛期喷 Bt（200 国际单位/毫克）乳剂 200 倍液喷雾。也可选择印楝素、核多角体病毒等生物制剂防治。

②病害防治

a. 叶斑病：可用 100 亿/毫升多黏类芽孢杆菌 300～500 倍液喷雾。

b. 灰霉病：用枯草芽孢杆菌+10%多抗霉素喷雾。

c. 白粉病：可用1%武夷菌素水剂150~200倍液，或10%宁南霉素可溶性粉剂1 200~1 500倍液，或8%嘧啶核苷抗菌素可湿性粉剂500~750倍液喷雾。

（4）科学用药。

1）病害防治

①猝倒病：可喷洒7%霜霉威水剂800倍液，或10%苯醚甲环唑水分散粒剂2 000倍液。

②蔓枯病：可喷洒70%甲基托布津可湿性粉剂800倍液，或46%氢氧化铜，或6.25%噁唑菌酮+62.5%代森锰锌喷雾。

③白粉病：用25%嘧菌酯悬浮剂34克/666.7平方米，或10%苯醚甲环唑1 000倍液喷雾。

④炭疽病：于发病初期，使用62.5%代锰·腈菌唑可湿性粉剂600~800倍液，或6.25%噁唑菌酮+62.5%代森锰锌水分散性粒剂1 500倍喷雾，25%咪鲜胺乳油2 000倍液。

⑤根结线虫：可用1.8%阿维菌素或41.7%氟吡菌酰胺悬浮剂处理土壤。

2）害虫防治

①烟粉虱：12%乙基多杀菌素2 000倍液、10%灭幼酮或25%灭螨猛乳油1 000~1 500倍液、2.5%联苯菊酯EC3 000倍液。

②蚜虫：用50%抗蚜威可湿性粉剂2 500~3 000倍液喷雾。

③斑潜蝇：使用20%灭蝇胺可湿性粉剂30克/666.7平方米或25%噻虫嗪水分散粒剂3克/666.7平方米对水喷雾。

④害螨：用73%克螨特乳油或15%哒螨酮乳油1 500倍液喷雾。

30. 设施番茄病虫害全程绿色防控技术规程

（1）生态调控。

1）清洁田园

及时清除田间农作物病残体、杂草和农用废弃物，带出田园，集中处理，减少病原菌、虫源数量，从源头降低病虫害基数。

2）精细整地

①土壤消毒。土传病害重的地块可在夏季高温季节深翻地25厘米，每666.7平方米撒施500千克切碎的稻草或麦秸，加入100千克氰胺化钙，混匀后起垄、铺地膜、灌水，持续20天。

②棚室消毒。定植前用百菌清烟剂、硫黄、辣根素水乳剂、50%复合生物熏蒸剂或臭氧熏蒸2~3个小时，对棚室消毒，降低病原菌和害虫基数。

3）健身栽培

①选用抗病虫品种。根据当地病虫发生情况因地制宜选择抗耐病品种，如针对番茄黄花曲叶病毒，选用浙粉701、浙粉702红贝贝、金曼等；针对根结线虫病，选用仙客5号、仙客8号、秋展16等番茄抗线虫品种。

②种子消毒。温汤浸种：55℃温水浸种10~15分钟，或50℃温水浸20~30分钟，当水温降至30℃时停止搅拌，再浸泡6~8小时。

③土壤处理。定植前每666.7平方米使用>5亿/克枯草芽孢杆菌+胶冻样类芽孢杆菌菌剂40千克改良土壤生态，预防土传病害。

4）免疫诱抗

待种子出齐苗后，每隔10天左右，喷一次5%氨基寡糖素1 000倍液，共喷2~3遍。

（2）理化诱控。

防虫网：保护地设60目防虫网，防止蚜虫、粉虱等害虫进入。

（3）生物措施。

1）天敌控害

①烟粉虱：番茄定植一周内，开始释放丽蚜小蜂。一般每

666.7平方米每次放蜂2 000~3 000头；单株粉虱成虫超过10头时，可用药剂防治一次，压低基数，7天后再放蜂一次，共放蜂2~3次。

②蓟马：在发生初期释放小花蝽，释放量为300~600头/666.7平方米，10天后再释放一次，共释放2~3次。

③叶螨：使用智利小植绥螨，释放量为10 000~15 000头/666.7平方米，在发生初期释放。

2）生物菌剂

①使用0.3亿/毫升蜡蚧轮枝菌喷雾防治烟粉虱。

②穴施淡紫拟青霉800~1 000克/666.7平方米，防治根结线虫。

3）生物农药

①害虫防治。

a. 烟粉虱、蚜虫：0.5%苦参碱500倍液喷雾。

b. 棉铃虫：在卵孵化盛期喷施Bt（200国际单位/毫克）乳剂200倍液。或0.9%（或1.8%）阿维菌素乳油1 500~3 000倍液。

c. 害螨：0.9%或1.8%阿维菌素乳油1 500倍液，兼治潜叶蝇。

d. 使用核型多角体病毒2克/666.7平方米对水喷雾防治斜纹夜蛾、甜菜夜蛾。

②病害防治。

a. 使用1%武夷菌素水剂150~200倍液在发病初期预防灰霉病、炭疽病、早疫病等。

b. 使用2%春雷霉素400倍液来预防番茄叶霉病。

c. 使用2%宁南霉素200~250倍液在发病初期预防病毒病。

d. 使用72%农用硫酸链霉素可溶性粉剂3 000~4 000倍液，或25%青枯灵可湿性粉剂500倍液或100万单位新植霉素3 000~4 000倍液喷雾预防细菌性病害。

4）熊蜂授粉

在温室作物开花前1~2天，在傍晚时将蜂群放入温室，1群熊蜂即可满足1 000平方米授粉需要。如果一个温室放置1群蜂。蜂箱应放置在温室中部；如果一个温室内放置2群或2群以上熊蜂，则将蜂群均匀置于温室中。蜂箱应放在作物垄间的支架上。支架高度30厘米左右。

（4）科学用药。

1）害虫防治

①烟粉虱：17%联苯菊酯+15%噻虫嗪，或10%吡虫啉可湿性粉剂1 000倍液，或2.5%溴氰菊酯乳油2 500倍液，或4.5%高效氯氰菊酯乳油1 500倍液喷雾。

②蚜虫：50%抗蚜威可湿性粉剂2 500~3 000倍液喷雾。

③斑潜蝇：20%灭蝇胺可湿性粉剂30克/666.7平方米或25%噻虫嗪水分散粒剂3克/666.7平方米对水喷雾。

2）病害防治

作物定植后，喷施百菌清、代森锰锌等保护性杀菌剂，预防灰霉病、白粉病等。

①灰霉病、灰叶斑病：22.5%啶氧菌酯或25%嘧菌酯悬浮剂34克/666.7平方米对水喷雾2~3次，施药间隔10~15天。

②叶霉病、早疫病：6.25%噁唑菌酮+62.5%代森锰锌，或10%苯醚甲环唑可湿性粉剂1 500~2 000倍液喷雾，或43%戊唑醇13克/666.7平方米对水喷雾，连喷3~4次，施药间隔7~10天。

③晚疫病：52.5%霜脲氰·噁唑菌酮可湿性粉剂40克/666.7平方米对水喷雾，连喷3~4次，施药间隔7~10天。也可用72%霜脲锰锌可湿性粉剂600倍液、53.8%甲霜灵锰锌可湿性粉剂600倍液，或52.5%噁酮·霜脲氰水分散性粒剂1 500~2 000倍液，或72.2%霜霉威水剂600~1 000倍液，或10%氟噻唑吡乙酮油悬浮剂1 000倍液交替喷雾防治。

④根结线虫：穴施41.7%氟吡菌酰胺悬浮剂。

31. 冬枣主要病虫害绿色防控技术规程

遵循“绿色植保”理念，以农田生态系统为中心，以生态调控为基础，发挥生物多样性调控与自然天敌的控制作用，协调运用生物防治和理化诱控技术，科学应用化学防治技术，最大限度减少化学农药使用，确保冬枣生产安全。

（1）生态调控。

1）加强土肥水管理

搞好枣园土壤改良，提高土壤肥力，做到涝能排、旱能浇，促进树体健壮生长，提高树体对病虫害的抵抗能力。

2）合理进行修剪（冬、夏剪相结合）

按照“树开心、枝拉平、肥平衡、质先行”的精细修剪原则，对冬枣树进行落头开心，打开光照以利通风透光，剪除病虫枝、机械损伤枝，对衰老枝及时进行回缩更新，剪除无效枝和叶，扩大有效结果面积，生长季节及时抹芽和枣头摘心，并及时中耕除草，以减少螨类、枣锈病、枣炭疽病等的发生。

3）清洁果园

对枣园进行翻耕晒坷垃，以破坏害虫越冬场所和减少虫口基数；搞好枣园卫生，秋冬季节及时清理枣园，刮树皮、锯干枝、堵树洞、清扫枯枝落叶，并集中烧毁；疏除病虫果、残次果、多余果，合理负载，提高抗病虫能力。

（2）理化诱控。

1）杀虫灯诱杀

每20 000平方米安装电子杀虫灯1盏，采用单柱杠杆式挂灯，固定于树冠上方，在田间呈“W”式或棋盘式排列。非光控灯每天19：00左右开灯，次日5：00~6：00关灯，做到专人负责，及时清除诱虫袋中的害虫，并将害虫带出田外处理，雨天除外，4月初开始，9月底结束。防治对象主要是对灯光有趋性的害虫，如鳞翅目害虫枣尺蠖、皮暗斑螟及金龟甲等。

2）人工捕杀

对食芽象甲、绿盲蝽成虫、枣尺蠖的1~2龄幼虫，利用其假死性将其震落，及时捕杀；将树上越冬的枣龟蜡蚧雌成虫刮除，或于严冬雨雪天气树枝结冰时用木棍将其震落，震下的害虫应集中消灭。此外，树干涂白也是防病治虫的好办法。

（3）生物防治。

充分利用害虫的天敌实施生物防治，如桃小食心虫的寄生性天敌昆虫有中国齿腿姬蜂和甲腹茧蜂，寄生菌主要有白僵菌，自然寄生率可达30%~50%。枣龟蜡蚧的天敌有20种，捕食天敌如红点唇瓢虫，寄生性天敌如长盾金小蜂，这些天敌密度大时枣园可不用农药防治；红蜘蛛的天敌主要有中华草蛉、食螨瓢虫和捕食螨类等，其中尤以中华草蛉的种群数量较多、对红蜘蛛的捕食量大，保护和增加天敌数量可增强其对红蜘蛛种群的控制作用。

（4）科学用药。

1）冬枣发芽前

喷5%~10%的柴油乳剂或3~5波美度石硫合剂，以防治叶螨、枣龟蜡蚧和绿盲蝽越冬卵。3月初，在树干基部涂一圈5厘米宽的黏虫胶，下方绑一圈草绳，每半个月换1次，并将换下的草绳烧毁，如此既可防止枣尺蠖雌虫上树，又可引诱其产卵其中，以利于集中消灭。此外，还可以防止红蜘蛛爬行上树等。

2）地面防治

4月中下旬，在树干基部1米范围内地面撒施3%的辛硫磷颗粒剂，每株撒100~150克，用耙子耧平后将药剂和土混匀，可杀死桃小食心虫的越冬虫茧、入土化蛹的枣瘿蚊老熟幼虫、食芽象甲的越冬幼虫和成虫等。

3）树上防治

枣芽萌动时（4月下旬），多种害虫都上树进行为害，这是防治的关键期，可喷10%的吡虫啉乳油1 000倍液进行防治，可将胃毒剂、触杀剂、内吸剂混合应用，往后每间隔10天再喷1次2.5%的敌杀死乳油2 000倍液、40%的辛硫磷乳油1 500倍液、1.8%的阿维菌素2 500倍液，可有效防治以上害虫。杀虫剂、杀螨剂、杀菌剂一起混用的效果较好且省工时。

5月上旬在枣龟蜡蚧孵化初期至形成介壳前，往树上喷2.5%的溴氰菊酯乳油2 500倍液将其杀死，同时还可兼治枣瘿蚊、枣黏虫、桃小食心虫等；麦收前后（6月上旬）、9月份至果实采收期都是红蜘蛛的发生高峰期，可喷1.8%的阿维菌素2 500倍液或10%的哒螨灵乳油2 000倍液进行防治，对为害较重且已吐丝结网的树喷药时可加少量的洗衣粉或洗洁灵（100千克药水加25克洗衣粉），提高农药的分散度和黏着性，以提高药效。7—8月降雨比较集中，高温、高湿病害多发，可喷70%的甲基硫菌灵1 000倍液，或80%的代森锰锌1 000倍液，或90%的多菌灵水分散剂800倍液，或15%的三唑酮1 000倍液进行防治，多种杀菌剂交替使用可较好地防治枣锈病、炭疽病等。

32. 高温平菇生产技术规程

（1）栽培设施。

高温平菇可采用遮阴降温棚、林地拱棚设施栽培，要求地势平坦、冬暖夏凉、通风良好、便于排水和生产操作，应利于控温、保湿和防治病虫害。

（2）栽培季节。

采用林地拱棚和遮阴降温棚等栽培平菇高温品种或耐高温的广温品种时，可进行夏季平菇生产。一般安排在5月中下旬至9月上中旬出菇。在装袋栽培前30天左右生产栽培种。

（3）品种选择。

从具有相应资质的供种单位引进适于山东省栽培，出菇及转潮快、抗病抗逆性强、优质、高产的高温平菇品种。

(4) 生产材料。

1) 主辅原料

可利用的栽培原料有：棉籽壳、玉米芯、豆秸、木糖醇渣、麦麸等。主辅原料要求干燥、纯净、无霉、无虫、不结块、无污染物，防止有毒有害物质混入。用于栽培高温平菇的作物秸秆，在收获前 1 个月不能施用高毒高残留农药。

2) 生产用水

栽培料配制用水和出菇管理用水应符合生活饮用水卫生标准要求。喷水中不得加入药剂、肥料或成分不明的物质。

3) 肥料及调节剂

栽培料可选用的肥料及调节剂有：尿素、过磷酸钙、生石灰、石膏粉等。

4) 栽培袋

熟料栽培宜采用规格为 23 厘米×（50~54）厘米的聚丙烯塑料筒膜，发酵料栽培宜采用 27 厘米×54 厘米的栽培袋。

(5) 生产技术。

1) 栽培料配方

高温平菇栽培料配方宜选用：

配方一：棉渣 28%、玉米芯 28%、麦糠 28%、麦麸 8%、豆饼面 3%、石灰 3.5%、磷酸二铵 0.5%、尿素 0.5%、复合肥 0.5%。

配方二：棉渣 46%、玉米芯 46%、豆饼面 3%、石灰 4.5%、磷酸二铵 0.5%。

配方三：玉米芯 90%、豆饼 3%、石灰 5%、磷酸二铵 1%、尿素 1%。

配方四：木糖醇渣 43%、玉米芯 43%、石灰 4.5%、麦麸 8%、磷酸二铵 0.5%、尿素 0.5%、复合肥 0.5%。

以上配方 pH 值均调至 7.8~8.5，料水比为 1：1.6 左右。栽培料均需堆制发酵或蒸汽灭菌处理。

2）栽培料处理和接种

①栽培料发酵与灭菌。采用发酵料生产，需在栽培前6~8天对原料进行堆制发酵。栽培料拌混均匀润湿，宜采用圆堆插孔覆膜鼓风发酵，堆料升温快而高，堆温达到65℃以上，栽培料发酵均匀，发酵结束后将栽培料pH值调至7.2~7.5。采用熟料栽培，装袋后4小时内进锅灭菌，防止栽培料或菌袋因操作不及时而发酸变质或升热“烧料”，栽培袋宜经过高压或常压蒸汽灭菌处理，达到彻底灭菌。

②接种。发酵料晾堆后，即可装袋接种；蒸汽灭菌料袋冷却后，按照无菌操作规程进行接种。

3）发菌培养

发菌培养室全面消毒，清除杂菌源。保持发菌场所具有良好的遮阴、通风条件。培养环境温度控制在18~25℃，袋内最高料温不应超过28℃，空气相对湿度宜控制在65%以下，避免光线直接照射，光照强度小于150勒克斯或黑暗发菌。经常翻袋检查，对杂菌污染菌袋随时检出隔离并集中处理。对轻微污染的菌袋可用二氯异氰尿酸钠溶液、过氧乙酸注射或石灰乳液涂盖杂菌斑，置于阴凉通风处继续培养。对严重污染杂菌的菌袋，深埋处理。

4）出菇管理

①出菇方式。高温平菇出菇方式可采取地畦菌袋立排半覆土或单层平排不覆土出菇模式。

②生长管理。调节出菇棚温度在23~32℃范围内，控制棚内昼夜温差在10℃以内，通过喷雾与大水浇灌相结合，使空气相对湿度达到90%~95%，早晚气温适中时通风换气，菇棚空气中CO_2浓度控制在0.06%以下，通风前后菇棚内空气相对湿度差异控制在10%范围内，出菇生长阶段给予300~500勒克斯的散射光照。

5）采收

当菌盖边缘稍平展、孢子尚未弹射时，即可采收。采收人员应戴口罩，防止孢子过敏。采后将菇根清理干净。

6）加工、包装、贮运

鲜平菇及时包装保鲜或加工处理，装入干净、专用容器内。保鲜及加工的材料和方法应符合国家相关卫生标准。鲜菇采后应放入0~5℃冷库预冷，整理分级，贮藏保鲜。长途运输时采用冷藏车运输，包装纸箱无受潮、离层现象。

（6）病虫害防治。

1）防治原则

按照“预防为主，综合防治”的植保方针，坚持“以农业防治、物理防治、生物防治为主，化学防治为辅”的治理原则。以规范栽培管理技术预防为主，对高温平菇病虫杂菌采取综合防控措施。

2）防治对象

高温平菇主要病害有枯萎病、黄腐病、锈斑（点）病等。主要杂菌有木霉、青霉、曲霉、毛霉、脉孢霉等。主要虫害有眼菌蚊、瘿蚊、菇螨、跳虫等。

3）防治方法

①菇棚消毒。菇棚经晒棚或闷棚处理，在进袋前7天，将地面整平，撒一层石灰粉，灌浇一次透水；进袋前2天，用1%的漂白粉溶液或0.5%等量式波尔多液将菇棚内地面全部喷洒一遍。

②原料处理。栽培原料宜选用当年产、无霉变的原料，在烈日下暴晒3~5天备用。科学、合理配制栽培料，经生石灰碱化处理，应用鼓风机通风进行全面、均匀、彻底发酵，或采用熟料栽培。

③栽培防控。选用抗病抗逆性强的平菇品种，避免使用经高温培养及长期贮存的老化菌种，确保菌种不带病虫。接种时按照

无菌操作要求，接种量充足，保持相对低温及恒温发菌，避光培养。出菇期间保持菇棚内适宜的温度和空气湿度，防止温差、湿差过大，避免强风直吹。发生病害后，及时清理病菇、病料，停止喷水，降低菇棚湿度和温度，创造不适于病菌、杂菌侵染和生理性病害发生的条件。

④物理防治。菇棚内采用安装黑光灯、杀虫灯、粘虫板或设置糖醋药液、毒饵诱杀等措施防治害虫。菇棚门窗及通风口封装0.28毫米孔径的防虫纱网。出菇期间进出菇棚做到随手闭门，门口设置消毒防虫隔离带。

⑤生物防治。优先选择使用微生物源、植物源农药防治。应用中生菌素、多抗霉素（多氧霉素）等农用抗菌素制剂，可预防和控制平菇多种病害。在无菇期或避菇使用多杀霉素、苦参碱、印楝素、烟碱、鱼藤酮、除虫菊素、茴蒿素、茶皂素等防治平菇害虫。

⑥化学防治。掌握不同栽培阶段病虫害的发生动态，将病虫消灭在局部和发生初期，控制其传播蔓延。发现局部菌料受杂菌污染或子实体发病时及时进行隔离、清除和药剂控制，有针对性地采取不同的施药方法。若发现菇棚内有害虫发生时，在无菇期或避菇选用高效低毒低残留药剂，针对目标集中喷杀。

备注：本规程摘编于DB37/T 1651—2010《绿色食品山东高温平菇生产技术规程》。

33. 银耳安全高效栽培技术规程

（1）生产场所及设施。

1）栽培场所

通风良好，水电齐全，交通便利，地势高燥，给排水方便，不易遭受洪涝灾害。场地周边5千米内无化学污染源，1千米内无工业废弃物，300米内无规模养殖的禽畜舍、垃圾场、粪便堆积场、粉尘污染源（如大量扬尘的水泥厂、砖瓦厂、石灰厂、木材加工厂等），50 米内无死水池塘、集贸市场。

2）发菌室

室内干燥、保温、通风，每间面积 30~40 平方米、高 2.5~3 米。门窗安装 60~80 目防虫网。

3）出菇房

①出菇房规格。栽培房要求保温、保湿，设置 60~80 目防虫网，天花板设置防鼠铁丝网。菇房长 10~12 米，一条通道的菇房宽 3.3 米、高 3.5~4 米；两条通道的菇房宽 4.4 米，高 3.5~4 米。墙由三层组成，外层为彩钢板，中层为 3~5 厘米的聚苯乙烯泡沫（EPS），内层衬一层塑料薄膜。栽培房设计窗、通道、缓冲道、栽培床架等构造。

②出菇房床架。层架式，层距 27~30 厘米，床架可用角钢、木头或竹竿等搭建。单条通道的菇房架宽 1.1 米；两条通道的菇房两边床宽 55 厘米，中间床宽 1.1 米，床面纵向排放 4 根木条或竹竿等材料。

（2）栽培料要求及配方。

1）水

未被污染的自来水、井水、山泉水等。

2）栽培主料

①棉籽壳、黄豆秆粉。要求新鲜、干燥，无霉变、虫蛀、结块、异味、异物。

②木屑。要求为银耳适生树种（壳斗科、金缕梅科、桦木科、杜英科、漆树科、胡桃科、五加科、榛科、豆科、安息香科、大戟科、杨柳科），无霉变、干燥、无异物。

3）栽培辅料

①麸皮。屑状、色泽新鲜一致，无霉变、结块、异味。

②磷肥。灰白色粉末，气味稍呈酸味，手感凉爽但无水迹沾手。

③石膏粉。白度高、手感细腻、无异味。

4）基本配方

配方1：棉籽壳82%~88%，麸皮11%~16%，石膏粉1%~2%，含水量55%~60%。

配方2：棉籽壳80%，麸皮18%，磷肥1%，石膏粉1%，含水量55%~60%。

配方3：木屑60%，黄豆秆23%，麸皮15%，石膏粉2%，含水量55%~60%。

（3）菌袋制作。

1）装袋

采用对折径12.5厘米、长53~55厘米、厚0.004厘米规格的低压聚乙烯塑料袋装培养料。每袋装干料0.6~0.75千克，培养料填装高45~47厘米，每个菌袋填湿料1.3~1.5千克。擦净塑料袋口内外两面黏附的培养料后，用线扎紧袋口或扎口机扎口。

2）打孔

用直径1.5厘米的打穴器在填好培养基的料袋单面打穴，每袋打3~4个等距离穴，深2厘米。用规格3.3厘米×3.3厘米的食用菌专用胶布，贴封穴口，穴口四周封严压密实。

3）采用常压蒸汽灭菌

要求灭菌锅内温度在4小时内达到100℃，确保锅内所有料袋的温度达到100℃开始计时，维持100℃，8~10小时。灭菌后，趁热取出料袋并搬运到已做消毒处理的接种室内，“井”字形排放，每层4袋。

（4）接种。

1）拌种

选择合格的三级种，在接种前12~24小时内进行拌种。

2）接种室消毒

当料袋内温度降至25℃以下时，将料袋、接种用具等进行消毒。消毒采用二氯异氰尿酸钠烟雾剂熏蒸消毒为主，辅以臭氧消毒方法。熏蒸法消毒，药剂用量为 4~5g/m³。臭氧消毒可以在接种前 90 分钟开启，也可以前一天晚上开启 2~3 次，每次 50 分钟。

3）接种

消毒后 4 小时即可接种，要求接入穴内的菌种比穴口低 1~2 毫米。每穴接种量约 1.5 克，1 瓶三级种可接种 110~120 穴，接种后胶带粘回接种穴。接种后的菌袋，按“井”字形叠放，每层 4~5 袋，每堆叠 10~12 层。

（5）发菌管理。

前 1~3 天为菌丝萌发期，菌丝呈羽毛状迅速定制，并延伸到培养基质内，温度控制在 26~28℃，相对湿度 40%，注意保护接种口覆盖物。4~8 天可见穴中凸起白毛团，菌丝沿袋壁生长，温度控制在 23~25℃，相对湿度 60%，菇房每天 2 次、每次 10 分钟通风，注意翻袋检查杂菌，疏袋调整散热，同时注意保湿，防止菌种干枯失水。

（6）栽培管理。

9~12 天可见直径 8~10 厘米菌落，白色带黑斑，揭开胶布一角，改平贴为拱贴，形成黄豆粒大小通气孔，菌袋搬入栽培房排放床架上，袋距 3~4 厘米，温度控制在 22~25℃，相对湿度 75%~80%，菇房每天通风 3~4 次、每次 10 分钟，注意防虫，栽培房在菌袋搬入前消毒，揭胶带 12 小时后开始加湿。

13~19 天菌丝基本布满菌袋，淡黄色原基形成，原基分化出耳芽，此时揭去胶带，“十”字形或圆形割膜扩口，使穴口直径达到 4~5 厘米，覆盖无纺布，喷水加湿，温度控制在 22~25℃，相对湿度 90%~95%，菇房每天通风 3~4 次、每次 30 分钟，注意割膜扩口前对袋面及刀片消毒，扩口后 6 小时后加湿，保持无纺布湿润。

20~25 天可见直径 3~6 厘米白色、未展开耳片，取出覆盖物晒干后再盖上，喷水保湿，耳黄多喷水，耳白少喷水，温度控制在 20～24℃，相对湿度 80%，菇房每天通风 3～4 次、每次 20～80 分钟，注意结合通风，增加散射光，通过喷水控制耳片颜色。

26～30 天可见直径 8～12 厘米白色、松展耳片，此时取出覆盖物，喷水保湿，使耳心部分得到充足氧气与水分，温度控制在 22～25℃，相对湿度 90%～95%，菇房每天通风 3～4 次、每次 20～30 分钟，注意干湿交替，晴天多喷水，结合通风。

31～35 天可见直径 12～16 厘米白色、略收缩耳片，基部呈黄色，有弹性，此时停止喷水，控制温度，温度控制在 22～25℃，相对湿度自然，菇房每天通风 3～4 次、每次 30 分钟，注意保温与通风。

36～43 天菌袋收缩出现皱褶、变轻，耳片收缩，边缘干缩，有弹性即可采收，注意采收前一天停止喷水。

（7）采收。

经 40 多天培养，子实体已达到成熟，成熟的标准是：耳片已全部伸展，中部没有梗心，表面疏松，舒散如菊花状或牡丹状，触有弹性并有黏腻感，即可采收。适时采收对银耳产量和质量有重要影响：采收偏早，展片不充分，朵形小，耳花不松放，产量低；采收偏晚，耳片薄而失去弹性，光泽度差，耳基易发黑，使品质变差。采耳时，用锋利小刀紧贴袋面从耳基面将子实体完整割下，应先采健壮好耳，再采病耳。采完后随即去掉黄色耳基，清除杂质，在清水中漂洗干净，置于脱水机内烘干，即成商品上市。

（8）病虫害防治。

1）防治原则

按照“预防为主，综合防治”的植保方针，坚持“以农业防治、物理防治为主，化学防治为辅”的治理原则。以规范栽培管理技术预防为主，对银耳病虫害及生理性病害采取综合防控措施，确保银耳产品安全、优质。

2）防治对象

银耳主要杂菌有青霉、木霉、织壳霉（俗称白粉病）、红酵母等；主要虫害有线虫、螨类、菌蝇、蛞蝓等。

3）防治措施

①农业防治。选用抗病性好、抗逆力强、适应性广的品种；保持环境干净、整洁；规范灭菌和接种操作，适时栽培，科学管理。

②物理防治。通风口安装防虫网；菇房内设置粘虫板、黑光灯等光源诱杀害虫，门窗应严密，做好防鼠措施。

③化学防治。针对不同时期的防治对象，选择绿色高效、低毒、低残留药剂或已在食用菌上登记、允许使用的药剂品种，但出菇期间不得直接向子实体喷洒任何农药。

备注：本规程摘编于 GB/T 29369—2012《银耳生产技术规范》、GB 7096—2014《食品安全国家标准食用菌及其制品》、NY/T 2375—2013《食用菌生产技术规范》。

34. 香菇安全高效栽培技术规程

（1）栽培设施。

香菇栽培设施可采用冬暖式塑料大棚、林地弓棚、空闲房屋及简易阴棚等。栽培设施建在地势平坦、冬暖夏凉、通风良好、便于排水的地方。

（2）栽培季节。

利用冬暖大棚、闲置房屋和简易棚栽培中低温品种，可安排在 11 月上中旬至翌年 5 月中下旬出菇。采用林地弓棚和遮阴降温棚等栽培耐高温品种，可进行夏季生产出菇。

（3）菌种制备。

1）菌种选择

选用优质、高产、抗逆性强、商品性能好、来源明确的优质香菇良种，并从具有相应资质的供种单位引种，禁止使用转基因菌种。

2）菌种培养基制作

①母种培养基的制作。PDA 培养基配方：马铃薯 200 克左右，葡萄糖 20 克，琼脂 20 克，磷酸二氢钾 1 克，硫酸镁 0.5 克，蛋白胨 0.5 克，水 1 000毫升。分装量宜在试管长度的 1/5～1/4，灭菌后摆放成的斜面，顶端距试管口不少于 50 毫升空间，棉塞大小松紧适度。

配制：马铃薯洗净、去皮，切小块，加适量水，煮开 20～30 分钟，用纱布过滤。取滤液加其他配料，再煮开至琼脂等完全融化，定容，并趁热分装。

高压蒸汽灭菌：121℃保持 30 分钟。

②原种和栽培种培养基的制作。培养基：木屑 50 千克，麦麸 9 千克，蔗糖 0.5 千克，石膏粉 0.5 千克，料水比 1：（1.1～1.2），pH 值 5.5～6.5。原种和栽培种培养基装至距瓶（袋）口不少于 60 毫米，灭菌后不少于 45 毫米。原种和栽培种培养基的松紧度一致。

高压蒸汽灭菌要求：菌袋合理摆放，以便灭菌均匀。蒸汽压力 0.15 兆帕，温度 125℃，保持 2 小时。

常压蒸汽灭菌要求：菌袋合理摆放，以便灭菌均匀。灭菌器内达到 100℃后，保持 12～14 小时。

3）原种和栽培种接种

培养基灭菌冷却后，移入接种室或接种箱，按无菌操作规程进行接种。一支母种移植扩大原种不应超过 6 瓶；一瓶原种移植扩大栽培种不应超过 50 瓶。

4）菌种培养

接种后移入清洁、干燥、通风、避光的培养室内培养，培养温度在 22～25℃，空气相对湿度 70%以下。菌种培养期间定期检查，发现杂菌污染菌种及时剔除、销毁。培养好的菌种及时使用，或于 4～6℃下短期贮存。

（4）栽培菌袋制作。

1）培养基质及配方

培养基质要求新鲜、洁净、干燥、无霉、无虫、无污染。

配方 1：杂木屑 77%，麦麸或米糠 20%，糖 1%，石膏粉 2%。

配方 2：玉米芯 50%，木屑 27%，麸皮 20%，糖 1%，石膏 2%。

配方 3：杂木屑 75%，麦麸 18%，玉米粉 5%，石膏粉 2%。

按配方比例准确称量原料，各原料先干拌，再根据比例加水拌匀，使含水量达到 60%~65%。pH 值调至 7.0~7.5。

2）装袋

培养料拌好后及时装袋，拌好一批料须当天完成装袋。

菌袋规格：折径 15 厘米×长度 55 厘米，一端开口，用于装料，另一端折角密封。

配好的培养料一般使用装袋机装袋，装料高度 40 厘米左右，每袋装干料约 0.8 千克。要求装料紧实、均匀，以用手托起时不留指凹痕为度。

3）灭菌

从拌料装袋到灭菌应尽快完成。灭菌时菌袋合理排放，菌袋之间留有一定空隙，以有利于培养基受热均匀，防止出现灭菌死角。

培养基灭菌可采用高压蒸汽灭菌法和常压蒸汽灭菌法，高压蒸汽灭菌时工作压力 0.15 兆帕，保持 2.5~3 小时；常压蒸汽灭菌温度达 100℃，保持 12~16 小时，停火后焖 6~8 小时。

4）冷却

灭菌后的菌袋应及时搬进冷却室内，冷却至 28℃以下，方可接种。

（5）栽培袋打孔接种。

在接种室、接种箱或超净工作台上接种，要求灭菌严格，操作规范。采用单面4孔或双面5孔（正面3孔、背面2孔）进行打孔接种，打孔口径1.5厘米，深2厘米，每孔接种量3~4克。接种时，打穴、接种、贴胶布连续进行。用接种器从菌种瓶内取菌种，打一个孔，接一个孔，接种完毕，菌袋套袋送入发菌室。一般750毫升菌瓶的菌种，可接20~25袋。

（6）发菌期管理。

接种后的栽培袋及时移入消好毒的菇棚或发菌室培养，合理摆放，以利通风发菌。发菌温度控制在20~25℃，空气相对湿度不高于60%，暗光培养。

培养5~7天后进行一次翻堆，检查发菌情况和菌袋是否有杂菌感染，污染袋及时处理。21天后进行第二次翻堆，36~41天后进行第三次翻堆，50~55天后进行最后一次翻堆。翻堆的同时，上、中、下均匀调换，尽量使菌袋发菌整齐，并做到轻拿轻放。翻堆过程中要认真检查，及时处理被污染的菌袋。一般60~90天菌丝可长满全袋。

（7）菌棒脱袋。

1）适时脱袋

一般菌袋发满菌后5~7天脱袋。脱袋后覆上薄膜，开始3天一般不揭膜，棚内温度保持在18~24℃，并保湿。

2）脱袋标准

袋壁周围菌丝体若膨胀、皱褶、隆起瘤状物占整个袋面2/3，手握菌袋瘤状物，有弹性松软感，接种穴四周呈现微棕褐色。

3）脱袋要求

选择晴朗无风的天气脱袋，用刀片将菌袋割开脱去，菌棒依次排放在菇床，棒与棒间距3~4厘米。脱袋时适当增加散射光照和保湿，以利于转色。

（8）菌棒转色。

转色的温度以15~22℃为最适，通常脱袋后前3天不揭膜，7~8天后菌丝开始转色。可增加通风次数与通风时间和喷水次数，加快转色，同时制造昼夜温差，连续3~5天刺激出菇，经15天左右，一般均能转色并开始出菇。

(9) 出菇期管理。

1) 催蕾

制造10℃以上的温差（8~22℃）、15%以上的干湿差（75%~90%），给予充足的氧气和散射光，3~4天后原基分化。

2) 幼蕾形成

当原基分化后，将温度控制在15~18℃，空气相对湿度在85%左右，保持适当的散射光和通风，3~4天后原基可形成幼蕾。加大温湿差，保持散射光照，昼夜温差宜保持10℃以上，促进菇蕾生长。

3) 育菇

幼蕾形成后，棚内温度控制在8~12℃，湿度80%~90%，适当遮阴通风，防止忽冷忽热、强光刺激及大风吹。当菇体生长到2厘米以上时，棚温可提高到10~15℃，空气相对湿度降到65%~75%，增加光照，加大通风。

(10) 采收与采后处理。

1) 采收

当香菇长到7~8成熟，菌盖边缘内卷，刚刚开伞时采收。采收时间宜安排在晴天，采收时一手按着菌棒，一手捏紧菇柄基部轻轻旋动拔起，整菇采下，不带出培养料，保持菇体完整洁净。菇根及时清除，不宜留在菌棒上。采收前24小时不宜喷水。

2) 采后管理

采收后的菌棒需要养菌。养菌时温度控制在22~24℃，空气相对湿度控制在75%~85%，菌袋含水量50%，暗光，适当通风。经7~10天，当菌棒表面穴孔里长出白色菌丝，并有淡棕色素分泌时养菌结束，进入补水催蕾阶段，开始又一个出菇周期。采收2~3潮后，如营养不足，可在补水时加入营养物质，以提高产量。

（11）病虫害防治。

遵循“预防为主、综合防治”的原则，坚持“农业防治、物理防治为主，化学防治为辅”。

1）农业防治

选用抗病性好、抗逆力强、适应性广的品种。保持环境干净、整洁。规范灭菌和接种操作，适时栽培，科学管理。

2）物理防治

通风口安装防虫网。菇房内设置粘虫板、黑光灯等光源诱杀害虫，门窗应严密，做好防鼠措施。

3）化学防治

针对不同时期的防治对象，选择绿色高效、低毒、低残留药剂或已在食用菌上登记、允许使用的药剂品种，在出菇期不得直接向子实体喷洒任何农药。

备注：本技术规程摘编于 DB37/T 1537—2010《无公害食品 香菇生产技术规程》。

35. 金针菇安全高效栽培技术规程

（1）栽培设施。

栽培设施建在地势平坦、通风良好、便于排水的地方，应利于控温、控湿、控光和防治病虫害。可采用设施菇棚、冷库菇房及人防工程设施栽培。

1）设施菇棚

根据生产规模，因地制宜建造设施菇棚，最好配置保温、通风、增湿等设施；一般棚顶覆盖无滴膜，上覆草苫，棚顶上方架空搭盖遮阳网，保持棚内光线均匀；棚内地面平整，棚外配置畅通的排水系统。

2）冷库菇房建造

冷库菇房应根据生产规模大小建造，单库房容积应根据栽培袋存放数量来定。菇房内设置适当的层架，配置与冷库菇房大小相匹配的制冷机及制冷系统、风机及通风系统和自动控制系统；配置健全的消防安全设施，备足消防器材。

3）人防工程设施

需要配置良好的加湿、通风系统和光照设施。

（2）栽培季节。

利用设施菇棚栽培金针菇，应安排在9—11月栽培，至次年3—4月结束生产。若采用冷库菇房及人防工程设施栽培，则可进行周年生产。

（3）菌种。

1）品种选择

选用适应本地气候条件、发菌及出菇快、抗逆性强、优质高产、商品性好、保鲜期长的品种，从具相应资质的供种单位引种，并可以清楚地追溯菌种的来源。新引进菌株应通过出菇试验，观察其农艺性状及生产性能。

2）菌种质量要求

①母种。金针菇母种要求菌丝健壮、整齐、生长旺盛、粉孢子少、菌落均匀，在适温下10天左右菌丝长满试管斜面。

②原种和栽培种。固体原种和栽培种应菌丝粗壮、洁白、浓密、生活力强，无污染和无老化现象。菌丝健壮，菌龄适宜，固体菌种菌龄30~35天。

③液体菌种。菌液澄清透明，无异味，菌液内悬浮着球状菌丝体，菌球呈白色，大小一致、分布均匀，菌球周边菌丝明显。液体菌种菌龄4~6天为宜，液体菌种培养好以后立即使用，尽量不存放。

（4）培养料。

1）培养料配方

配方1：阔叶树木屑48%，玉米芯粉20%，麦麸25%，玉米粉5%，糖1%，碳酸钙1%。

配方2：玉米芯粉70%，麦麸20%，大米糠4%，玉米粉

4%，糖1%，碳酸钙1%。

配方3：木屑73%，麦麸25%，糖1%，碳酸钙1%。

配方4：棉籽壳39%，木屑39%，麦麸20%，糖1%，碳酸钙1%。

配方5：玉米秸秆粉45%，花生茎蔓粉25%，麦麸20%，玉米粉5%，豆粕粉4%，碳酸钙1%。

以上配方pH值均调至7.0~7.5，含水量60%~65%。

2）拌料

按配方比例准确称好主料和辅料，混合均匀，适量加水，培养料含水量达到60%~65%为宜，pH值7~7.5。

（5）装袋。

菌袋规格：折径17厘米×长度34厘米，一头开口，用于装料、接种、出菇，另一头密封、折角。

栽培瓶规格：聚丙烯塑料瓶，容量750~1 000毫升，口径7厘米。

配制好的培养料一般使用专用机械装袋或装瓶，没有机械也可人工装袋，装料高度一般为14~15厘米，装料约0.35~0.4千克（干重）/袋。装袋要松紧适宜，过紧透气不良，影响菌丝生长，过松则薄膜间有空隙，易染杂菌，且不利于出菇。

培养料拌好后及时装袋，拌好一批料须当天装完。

（6）灭菌。

如采用高压蒸汽灭菌，高压灭菌工作压力0.15兆帕，温度125℃，保持1.5~2小时；如采用常压灭菌，先用猛火烧，使料温在5小时内达到100℃，稳火保持12小时，焖8~10小时以后将菌袋取出。

（7）接种。

灭菌结束后将菌袋（瓶）移入消毒过的冷却室内冷却，菌袋冷却到25℃以下，按无菌操作要求接种，做到规范、准确、迅速。每袋接入固体栽培种20克左右，一般500毫升瓶装菌种可接种 25~30 袋。液体菌种一般采用专用接种设备将菌液均匀喷淋在料面上，每瓶接种 3~5 毫升。

同一批灭菌的菌袋要一次性接完，接种后及时将菌袋移入培养室发菌。

（8）发菌培养。

接种后的菌袋移入培养室内进行发菌培养。培养室应清洁、干燥、通风、遮光，门、窗安装防虫纱网，并能防鼠。培养室在菌袋移入之前要全面消毒，菌包摆放不能太密集，适当间隔。

培养室控制温度 18~20℃，空气湿度 60%~70%，适当通风。发菌期一般为 30 天左右，发菌过程中定期检查菌丝长势及杂菌发生情况，每隔 7~10 天将菌袋上、下互换位置，发现杂菌污染袋要及时集中处理。

（9）出菇管理。

1）搔菌

根据品种特性和市场情况及菇房温度条件分批开袋。开袋时先松口而不直接撑口。搔菌时间应视菌袋发育情况而定，一般菌丝长满后 5 天左右，当菌丝体表面有黄色水珠出现时为最适宜。搔菌时用搔菌耙或铁丝钩先将老菌种扒净，再轻轻把表面菌丝划破，但不要划得太深，然后将料面稍整平。搔菌后要把塑料膜筒拉直，整齐排放在床架上，应及时遮盖薄膜，防止菌料表面干燥。为防止杂菌侵染，手和耙在使用前应先用酒精棉球进行消毒处理。

2）降温催蕾

搔菌和盖膜后即可降温催蕾，控制菇房内温度在 12~15℃，空气相对湿度 85%~90%，每天揭膜通风 1~2 次，每次通风时间 20 分钟，给予一定的散射光或灯光，经 7~10 天针状菇蕾即可形成。菇蕾出现后每天通风最少 2 次，每次 20~30 分钟，揭膜通风时要将膜上水珠抖掉，以免滴在菇蕾上引起病害。

3）适时抑蕾

当菌袋料面现蕾后3~5天，菌柄长至1~2厘米时及时进行抑菌。抑菌期间温度降至6~8℃，停止喷水，空气相对湿度控制在85%左右，加大冷风通气量，每次通风0.5~1小时，CO_2浓度控制在0.11%~0.15%范围内，增加光照强度（可用40瓦日光灯）。通过上述条件约3~4天的管理，子实体虽然生长缓慢，但菇丛健壮、整齐、密集。

4）出菇管理

抑蕾后，将菇房温度调至8~13℃，最高不超过15℃，温度过低子实体生长过慢，而过高生长不整齐，易开伞；空气相对湿度应保持在85%~90%，适量向地面和空间喷水；及时套袋促使菇丛直立伸长，结合保湿轻通风，控制CO_2浓度不超过0.6%；以80~100勒克斯光照强度诱导菇丛整齐生长，防止发生扭曲。若菇棚温度超过15℃时，应降低空气湿度，加大通风。经7~10天，即可采收。

（10）子实体生长发育期管理。

子实体生长其环境条件参数：温度为8~10℃，相对湿度为80%~85%，CO_2浓度为1 000~2 000微升/升，光照为150~300勒克斯，照射时间为每天0.25小时，8~10天。子实体生长时不需要刻意进行光照，一般查库时开灯就能满足需要，室内须保持良好的通风。

抑蕾结束后，子实体逐步进入快速生长期，应加强温、湿、氧、光等诸方面的综合管理。温度控制在68~13℃范围内，空气相对湿度80%~90%，为了抑制菌盖生长，促进菌柄伸长，可适当提高袋内CO_2浓度，一般每天通风1~2次，每次约20~30分钟，光线主要是进行弱光培养。

（11）采收及采后管理。

1）采收

适时采收是获得优质高产的关键，一般当菌柄10厘米以上，菌盖内卷半球形，菌体鲜度好时即可采收。采收时，一手按住栽培袋口，一手握菌柄，轻轻整丛拔出，勿折断菌柄。

2）采后管理

采收后及时清理料面，去掉死菇和杂质，按菌丝体生长阶段管理，菌丝恢复生长后即可催菇。金针菇一般可采收 2~3 潮，后期菌袋如失水过多，应及时补水，也可结合补肥，从而提高后期产量。

3）清料

每批金针菇采收后，及时清理废菌袋，对清空菇房进行清洗及蒸汽消毒处理，对生产场地及周围环境定期冲刷、消毒。

（12）病虫害防治。

坚持预防为主的综合防控，规范栽培管理技术，采取“农业、物理、生物、生态”综合防控措施，以化学防控为辅，确保金针菇优质高产。

1）农业防控

①选用抗病抗逆、适应性广的品种，定期复壮，培育适龄、健壮的出菇菌体。

②规范培养料灭菌操作和接种操作，发菌场所保持整洁卫生、空气新鲜，降低空气湿度。

③发菌期定期检查，发现杂菌污染袋，及时剔除，集中处理。

④加强出菇区环境的卫生管理，出菇区走廊每天清洗一次，菇房每次使用前后用蒸汽高温消毒。

⑤发现子发病实体和菌袋时，及时清除、隔离，摘除病菇及清理菌袋，废料和废菇需清运至离生产区 50 米以外的地方，并妥善处理。

2）物理防控

菇房走廊及发菌室悬挂粘虫板、安装频振式杀虫灯（15 瓦）、黑光灯（20 瓦）或捕鼠器，菇房门口及通风口设置空气净化过滤器和防虫纱网，出菇期间进出菇棚做到随手闭门，门口设置消毒防虫隔离带。

3）生物药剂防控

有限度地使用部分低毒性的微生物源、植物源农药制剂防控病虫害，在无菇期或避菇使用。

4）生态防控

适当控制培养料含水量；低温发菌，降低空气湿度，适度通风；出菇期控制适宜温度和空气湿度，以低限为宜，避免高温高湿，及时通风，适宜光照。

5）化学防控

化学预防应有计划性和针对性。发菌场所在非培养期，可使用低浓度氯溶液对培养场地进行淋洗消毒处理，出菇区可用石灰水消毒处理。在发菌场所遭受害虫严重侵袭的紧急情况下，宜使用植物源农药制剂进行喷雾和熏蒸处理，但不应对菌丝体和子实体产生药害或污染。

备注：本技术规程摘编于 DB37/T 1655—2010《有机食品金针菇工厂化生产技术规程》。

36. 双孢蘑菇安全高效栽培技术规程

（1）菌种选择。

选择优质、高产、生长周期短、菇潮集中的品种，从具相应资质的供种单位引种，并可清楚地追溯菌种的来源。

（2）栽培原料。

1）主料

稻草、麦草、玉米秸等，要求新鲜和无腐烂霉变，需适当粉碎、轧碾，使其茎秆破裂变软有利于吸水和发酵；牛粪、鸡粪等，牛粪中重金属含量不能超标；鸡粪选用蛋鸡鸡粪，湿度≤40%，无泥沙、木屑等。

2）辅料

石膏、过磷酸钙、石灰、轻质碳酸钙等。

3）生产用水

培养料配制用水和出菇管理用水可用清洁的自来水、泉水、井水、湖水等。喷水中不应加入药剂、肥料或成分不明的物质。

（3）栽培料配方。

配方1：麦秸草53%，鸡粪45%，石膏粉1%，过磷酸钙0.5%，石灰0.5%。

配方2：稻草50%，牛粪37%，饼肥8%，生石灰粉2%，硫酸钙2%，轻质碳酸钙1%。

（4）栽培技术。

1）栽培料制备

①预湿。将麦草边铲入搅龙，边加粪、水，使草、粪、水通过搅龙后混合均匀，将混合好的培养料用铲车堆成大堆使草料软化，同时均匀地加入辅料，预湿时间一般为3天，期间注意在料堆顶部加水。

②一次发酵（前发酵）。把预湿好的培养料用铲车和抛料机等进料设备均匀地输送到一次发酵隧道，调节风机的开停时间，确保培养料有氧发酵。发酵3～4天（根据料温确定，料温达到75～80℃后开始下降就要翻堆），翻堆到另一个发酵隧道，共翻堆三次。

③二次发酵（巴氏消毒）。将一次发酵好的培养料均匀地输送到巴氏消毒房。

料堆高度在2.0～2.5米，靠门一端要整齐，不要有坡度，门封严。风机调到内循环状态，使温度上升至58～62℃（冬季可以适当通入蒸汽），关闭新鲜空气，保持8～10小时完成消毒。之后将温度在8小时内降到48～52℃，维持5天，氨气浓度低于5毫克/千克。然后降温至45℃以下。二次发酵结束，准备出料进入养殖车间。

④栽培料质量。二次发酵后的栽培料颜色应为深褐色，可见大量白色放线菌，手握有水但不滴，不黏手，料有弹性，闻有面包香味，含水量在65%～70%，春秋季可高些，冬夏季低一些，含氮量在2.2%左右。

2）播种及发菌管理

①菇房消毒。上一个养殖周期结束后用蒸汽将菇房加热至70～80℃维持12小时，撤料并清洗菇房，控制菇房温度在20～25℃，开风机保持正压。

②播种。用上料设备将培养料均匀地铺到床架，同时把菌种均匀地播在培养料里，每平方米大约0.6升（占总播种量的75%），料厚22～25厘米，上完料后立即封门，床面整理平整并压实，将剩余的25%菌种均匀地撒在料面，盖好地膜。地面清理干净。

③发菌管理。料温控制在24～28℃，相对湿度控制在90%，根据温度调整通风量。每隔7天用杀虫杀菌剂消毒一次。14天左右菌丝即可发好，覆土前2天揭去地膜。养殖菇房内CO_2含量控制在1 200毫克/千克左右。

3）覆土及覆土期管理

①覆土制备。草炭粉碎后加25%左右的河沙，使用福尔马林、石灰等拌土，同时调整含水量在55%～60%，pH值7.8～8.2，覆膜闷土2～5天，覆土前3～5天揭掉覆盖物，摊晾。

②覆土期管理。当菌丝已深入培养料3/4时，将覆土材料一次性均匀铺到床面，厚度4厘米左右。上土完毕，料温维持在24～27℃，湿度85%～90%，3天内将覆土水分调至饱和状态，覆土中水分和培养料刚刚接触为宜，然后根据覆土内水分蒸发量情况随时调水，覆土层内水分充足菌丝在土内生长粗壮，10～12天菌丝长满覆土。

4）耙土

覆土后7～10天，菌丝爬土3/4时开始耙土。耙土时，将菌丝浓壮和菌丝稀落地方的覆土掺和均匀，不要伤及培养料，保持土层厚薄均匀一致。耙土后料温控制在 27~28℃，不能通新风（新鲜空气的比例适当维持在 10%左右），增加空气湿度和 CO_2 浓度，空气湿度需达到 90%以上，促使菌丝萌发、连接，均匀爬满整个土层。耙土后 4~5 天，进行适量喷水，诱导原基形成，促进出菇。

5）出菇

耙土两天后，在 24 天内将料温降到 17~19℃，气温降到 15~18℃，湿度保持在 90%~92%，CO_2 含量保持在 800~1 200毫克/千克。根据覆土含水量喷结菇水，诱导原基形成，并保持上述环境到菇蕾至豆粒大小。随蘑菇的生长降低湿度至 80%~85%，其他环境条件不变，之后随蘑菇的增长增大加水量。

6）采收和转潮管理

蘑菇大小达到客户要求后即可采摘，每潮菇采摘 3~4 天，第 4 天清床，将所有的蘑菇不分大小一律采完，完毕后清理好创面的死菇、菇脚等。采摘期间加水量一般为蘑菇采摘量的 1.6~2 倍。清床后根据覆土干湿情况加水。二潮、三潮菇管理同第一潮菇。三潮菇结束后菇房通入蒸汽使菇房温度达到 70~80℃，维持 12 小时。降温后撤料开始下一周期的养殖。

（5）病虫害防治。

1）防治对象

杂菌主要有木霉、青霉、毛霉、脉孢霉等；病害主要有褐腐病、褐斑病、细菌性斑点病等，害虫主要有红蜘蛛、菇蚊、菇蝇等。

2）防控原则

以规范栽培管理技术预防为主，物理、生态综合防控，化学防控为辅。

3）防控措施

①农业防治。菇房保持良好通风，清洁卫生，及时摘除病

菇，使用符合饮水卫生标准的水。清除的废料及菇根和病菇应远离菇棚，至少堆放于离菇棚1千米以外的距离。

②物理防治。防虫网：为阻止菇蚊、菇蝇等害虫进入棚室为害，每栋菇棚门口外搭建缓冲间，长度为棚宽，宽度为3.5米，两边留门。缓冲间和菇棚门上吊装60目尼龙防虫门帘，换气口用60目尼龙防虫纱网封住。黑光灯诱杀：棚室内设置专用黑光灯诱杀菇蚊、菇蝇等害虫。缓冲间内挂一盏20~40瓦黑光灯。菇棚内每150平方米悬挂一盏20~40瓦黑光灯，灯要根据房间的空间大小均匀分布。黄板：菇棚内靠近照明灯吊挂5~6张黄色粘虫板。

③化学防治。化学防治为一种辅助手段，主要用于菇棚内地面消毒，工作场地消毒，操作人员消毒，衣物消毒等。菇棚地面、工作场地和人员消毒可以用漂白粉配制消毒液，操作人员的衣服用84消毒液进行消毒。

④生态防控。发菌阶段保持培养室适宜的温度，降低空气湿度，适度通风，避光发菌。出菇期间保持菇房内不同生育期的适宜温度、空气相对湿度和光照强度，避免高温高湿、通气不良。

备注：本规程参考DB41/T 947—2014《双孢菇生产技术规程》、DB13/T 1087—2009《北方无公害双孢菇规模化生产技术规程》、DB3201/T 022—2003《无公害双孢蘑菇生产技术规程》。

37. 山药生产技术规程

（1）选择适宜品种。

山东省山药地方名优特品种很多，如定陶陈集铁棍山药、嘉祥细长毛山药、邹平长山山药、桓台新城细毛山药等，可根据种植习惯和市场需求进行选择。

（2）繁殖材料准备。

山药繁殖主要采用山药栽子、山药段子、山药豆培育山药栽子等方法进行繁殖。

1）山药栽子

山药收获时，选择颈短、粗壮、无分杈和无病虫害的山药，将上端山药嘴子截断作种；断面蘸石灰粉或多菌灵粉剂消毒；在阳光下晒 7~10 天，使断面愈合，放温暖处或窖内贮藏越冬。进入 3 月，将山药嘴子取出在日光下晾晒 10~15 天，当断面内缩干裂时即可栽植。也可采用阳畦双膜保温方式催芽，待幼芽长到 1 厘米时（约需 18~25 天）即可播种。

2）山药段子

栽植前 30 天分段，每段含 1 个以上的休眠芽，每段重 80~120 克，切口用石灰粉或多菌灵粉剂消毒，分段时将每段上端或下端统一做标记，分段应选择晴天进行。在日光下晒 15~20 天，每天翻动 2~3 次，当断面向内收缩干裂，表皮呈灰绿色即可催芽。栽植前 15~20 天用 50%多菌灵可湿性粉剂 600 倍液浸泡 5 分钟，捞出晾干，放入小拱棚沙埋催芽，温度控制在 25℃左右，当芽长 1~2.5 厘米时，将温度降低至 15~18℃，炼苗 5~7 天后定植。

3）山药豆培育山药栽子

①选种。初霜来临前，选择无病虫、健壮植株上依据形状、颜色等特点，选择符合品种特征特性、个体较大的山药豆，在 5~7℃条件下沙藏或窖藏。

②催芽。播前 15 天左右，将山药豆晾晒 5~6 天，阳畦内催芽，方法是：在 20~25℃条件下，畦面上先铺 3 厘米厚的细沙，然后一层山药豆一层湿沙，每层厚度 2~3 厘米，层积催芽，总厚度 30 厘米。待芽露白至 1~2 毫米时，即可播种。

③整地施肥。选择 4~5 年内未种过山药的肥沃、平坦、灌排方便、土层深厚、土质结构一致的轻壤土或沙壤土地块。一般每 666.7 平方米施腐熟农家肥5 000千克，硫酸钾型复合肥（15-15-15）50 千克，腐熟豆饼 50 千克。每 666.7 平方米撒施灭线

威颗粒剂 5 千克或根线克颗粒剂 4 千克，防治地下害虫。

④开沟作畦。育苗地的山药沟应在秋末冬初或早春土壤刚解冻时翻耕好。按 75 厘米为一种植带划线，沿线开宽 50 厘米、深 20~25 厘米的沟，翻地时将表层 20~25 厘米的土翻到一侧，下面的生土松动不翻出。然后把翻出的表层土回填，作成畦距 1.1 米的高平畦，畦高 15 厘米，畦面宽 50 厘米。

⑤播种。霜前播种，霜后出苗。根据当地气候，不催芽的在终霜前 35 天播种，浸种催芽的在终霜前 20~25 天播种。每 666.7 平方米留苗 33 000~38 000 株为宜。每畦播种 3 行，按行距 15 厘米，株距 7~8 厘米开沟，墒情不足的可顺沟浇小水，水渗下后播种。按照株距单粒播种，撒施辛硫磷颗粒剂防地下害虫，覆土 5~7 厘米。

⑥除草搭架中耕。覆膜栽培，播后覆膜前每 666.7 平方米均匀喷洒甲草胺乳油 200 毫升或异丙甲草胺乳油 150 毫升，出苗后及时放苗；露地种植，出苗前，每 666.7 平方米喷甲草胺乳油 200 毫升对水 30 千克喷雾。

甩蔓后搭架，以防茎蔓乱缠，架高 1.2 米左右。出苗约 80% 时浇“齐苗水”，然后中耕提温，促苗早发。大雨后及时排水，防止积水。

⑦施肥。茎蔓爬满架时进行第一次追肥，每 666.7 平方米追施尿素 10~15 千克，硫酸钾复合肥（15-15-15）15~25 千克。以后结合浇水，每 15~20 天追肥一次。块茎膨大盛期，少施氮肥。现蕾后，结合病虫防治进行叶面追肥，每隔 10~15 天喷一次。

⑧收获。山药豆在当年可长成长 13~20 厘米，重 100~200 克的小栽子，每 666.7 平方米可产山药栽子 30 000~35 000 株。“霜降”前后收刨，收刨后浅窖贮藏。

（3）选地。

应选择地下水位较低，土层深厚肥沃的沙壤土或轻壤土。

（4）开沟。

纯作，按 1 米行距开沟，沟宽 20～25 厘米，深 90～150 厘米。间作套种，开沟行距按间套作物的畦宽而定。

1）人工开沟

冬前或早春人工开挖山药沟，生熟土分别放置。填土先填生土再填熟土，剔除石块硬物，破碎硬土块，当填到 90%时浇水洇沟沉实，顺沟做成高 10 厘米的小高垄，以备栽植。

2）机械开沟

利用自走式多功能山药开沟机能一次完成开沟－松土－碎土－培垄等工序，沟内土壤疏松、细碎，适合山药生长。开沟前把地整平耙细，按行距 1 米放线，每 666.7 平方米施尿素 10 千克，磷酸二铵 25 千克，硫酸钾 20 千克，将三种肥料混合均匀，顺线撒施作基肥，随即用开沟机开沟起垄。垄高 15 厘米，顺垄用脚踩实，先踩两边，后踩顶部，达到上实下虚，做成 10 厘米高的垄，待播。

（5）种植。

1）种植时间

一年种植一茬，春种秋收。一般在 3 月中下旬种植。

2）药剂浸种

将山药栽子用 50%多菌灵 400 倍液浸种 5 分钟，捞出晾干后备用。

3）开种植沟

在垄顶中间开 10 厘米深的浅沟，沟底与地面一致。地下害虫（如蝼蛄、蛴螬、金针虫、线虫等）多的地块，可用 90%敌百虫晶体 30 倍拌炒香豆饼，撒于播种沟内。也可在播种沟内喷 50%多菌灵可湿性粉剂 600 倍液，杀灭沟内的土传病菌。

4）密度

行距 1 米左右，株距依当地种植习惯确定，一般小型山药，株距 14～15 厘米，每 666.7 平方米种植 4 500～4 700株；大型山药，株距25~30厘米，每666.7平方米种植2 300~2 700株。肥沃地块宜稀，瘠薄地块宜密。栽植时栽子按大小分级，大栽子宜稀植，小栽子宜密植。

5）摆种

将山药栽子按确定的株距顺向摆放在沟中央，使栽子与地面高度一致，有芽的一端朝同一方向，以确保苗距均匀。栽后覆土10厘米成垄。同时覆地膜保墒提温。

（6）田间管理。

1）发芽期管理

覆盖地膜保墒提温，促进早出苗，不盖地膜的在畦面施土杂肥，及时松土培土。

2）施肥培土

播种后到发棵，培土2~3次。每666.7平方米施优质腐熟有机肥5 000千克，腐熟饼肥50千克，磷酸二铵30千克，尿素20千克，硫酸钾复合肥（15-15-15）50千克，将肥土掺匀翻入畦内。覆土后在山药垄的两边形成一大土垄。

山药茎蔓长满架时，每666.7平方米施尿素10千克和硫酸钾型复合肥（15-15-15）15千克左右。以后，根据长势长相，每666.7平方米再施尿素和硫酸钾各15千克左右。生长后期结合防病治虫，进行根外追肥2~3次。

3）搭架

苗高25厘米时，选长1.5~2.5米的竹竿，交叉搭成人字形架。也可用水泥立柱作架材，每25米栽一根，用铁丝横向连接做成立柱“栅栏”架。

4）灌溉与排水

根据山药的生长需要，及时进行灌溉。夏季暴雨时，及时排出田间积水。

5）中耕除草

浇水或雨后应及时中耕。结合中耕进行除草。也可采用化学药剂除草。

6）摘除气生块茎

茎蔓叶腋间生长出气生块茎时，除留下作种用外，其余全部摘掉。

（7）病虫害防治。

1）农业防治

实行三年以上的轮作；选择地势高燥、排水条件良好的壤质土；精选无病害的山药栽子；平衡施肥；采收后及时清除病株残体，并集中烧毁，保证田间清洁；采用高支架管理，改善田间小气候；加强田间管理，增施磷钾肥等。

2）物理防治

用新鲜泡桐叶或莴苣叶等诱杀地老虎幼虫；利用害虫假死性，人工震落捕杀害虫。1：2：3：4 比例的酒：水：糖：醋混合液，加入适量敌敌畏，制成诱液，每 5 天补加半量诱液，10 天更换一次，诱杀斜纹夜蛾、地老虎等害虫。

3）化学防治

①炭疽病。可用58%甲霜灵·锰锌可湿性粉剂500倍液，或70%甲基托布津可湿性粉剂1 000倍液，喷雾防治，每隔 7 天防治一次，连续防治 2~3 次，喷雾后遇雨及时补喷。

②茎腐病。可用 50%甲基托布津 500 倍液，或 50%多菌灵可湿性粉剂 500 倍液喷淋茎基部，每隔 10 天防治一次，共防治 5~6 次。

③根结线虫。山药栽植前，每 666.7 平方米沟施氰胺化钙 40 千克，撒施于种植沟内，用抓钩搂一下，深度 10 厘米左右，与土壤掺匀，灌水后，覆盖薄膜一周，然后揭开膜，晾晒一周后，进行开沟、下种。

④地下害虫。可用毒饵诱杀地老虎、蛴螬、金针虫等。将 90%敌百虫晶体 1 千克，加水 2.5~5 千克，喷拌切碎的鲜草和豆饼 40 千克，于傍晚撒在行间苗根附近，隔一段距离撒一堆，每

666.7 平方米用鲜草毒饵 20 千克左右。

⑤山药叶蜂。在产卵高峰期至 3 龄幼虫期，可用 50%辛硫磷乳剂1 200~1 500倍液，或 2.5%溴氰菊酯乳油2 000~3 000倍液，喷雾防治，兼治蓝翅负泥虫。

（8）采收。

从山药栽培沟的一端，挖出 60 厘米左右深的沟，用山药铲将山药轻轻挖出，防止机械损伤，去掉泥土装筐。

备注：本技术规程摘编于 DB37/T　1512—2010《无公害食品　山药生产技术规程》。

38. 露地豇豆生产技术规程

（1）栽培茬口。

1）春夏栽培

豇豆喜温耐热怕寒，一般春季断霜后播种或育苗移栽，春季早熟栽培于 4 月中下旬直播或定植，6 月中下旬始收，育苗苗龄 20~25 天。晚春茬，5 月上旬直播，7 月中旬始收。

2）夏秋栽培

6 月中下旬直播，8 月上旬至 9 月中旬始收。

（2）品种选择。

选择抗病、优质、高产、商品性好、符合目标市场消费习惯的品种。

（3）育苗。

豇豆根系再生力弱，多用直播的方法。春季提早栽培，可采用育苗移栽。

1）育苗设施

根据季节不同选用日光温室、大棚、温床等育苗设施，并对育苗设施进行消毒处理。

2）营养土配制

营养土要求，pH 值 5.5~7.5，有机质 2.5%~3%，有效磷

20~40毫克/千克，速效钾100~140毫克/千克，碱解氮120~150毫克/千克，养分全面。孔隙度约60%，土壤疏松，保肥保水性能良好。配制好的营养土均匀铺于播种床上，厚度10厘米。

工厂化穴盘或营养钵育苗营养土配方为2份草炭加1份蛭石。普通苗床或营养钵育苗营养土配方为无病虫源的田土占1/3、炉灰渣（或腐熟马粪，草炭土或草木灰）占1/3、腐熟农家肥占1/3。不能使用未发酵好的农家肥。

3）苗床土消毒

每平方米播种床用福尔马林30~50毫升，加水3升喷洒床土，用塑料薄膜闷盖3天后揭膜，待气体散尽后播种。或72.2%普力克水剂400倍液床面浇施。用8~10克50%多菌灵与50%福美双等量混合剂，与15~30千克细土混合均匀制成药土，按每平方米苗床15~30千克撒在床面消毒。

4）种子处理

将筛选好的种子晾晒1~2天，严禁暴晒。用种子质量0.5%的50%多菌灵可湿性粉剂拌种，防治枯萎病和炭疽病。

5）播种量

根据定植密度，每666.7平方米栽培面积用种量2.5~3.5千克。

6）播种方法

将浸泡后的种子点播于营养钵（袋）中，每钵（袋）2~3粒。

7）苗期管理

①温度。当有30%种子出土后，及时揭去地膜。播种至出土，白天适宜温度25~30℃，夜间适宜温度16~18℃。出土后，白天20~25℃，夜间15~16℃。定植前4~5天，白天20~23℃，夜间10~12℃。

②水肥。苗期以控水控肥为主。视育苗季节和墒情适当浇水。

③炼苗。育苗移栽的应于定植前 4~5 天通风降温进行炼苗。

④壮苗的标准。子叶完好、长出 2 片真叶且第 1 片复叶显露时即可定植，无病虫害。

（4）定植（直播）前的准备。

整地施基肥。根据土壤肥力和目标产量确定施肥总量。磷肥全部作基肥，钾肥 2/3 作基肥，氮肥 1/3 作基肥。基肥以优质农家肥为主，2/3 撒施，1/3 沟施，深翻 25~30 厘米，按照当地种植习惯作畦。

（5）定植（直播）。

1）定植（直播）时间

断霜后定植，苗龄 20~25 天，10 厘米最低土温稳定在 10~12℃以上为适宜定植期。

2）定植（直播）方法及密度

春夏栽培，每 666.7 平方米3 000~3 500穴。夏秋栽培，每 666.7 平方米3 500~4 000穴。每穴播种 4~5 粒，出苗后每穴定苗 2 株。

（6）田间管理。

1）温度管理

从播种到第一片复叶显露，其温度管理参见前述的育苗部分。育苗移栽的缓苗期白天 28~30℃，晚上不低于 18℃。缓苗后和直播豇豆第一片复叶显露后，白天温度 20~25℃。夜间不低于 15℃。夏秋季节适当遮阳降温。

2）肥水管理

定植后及时浇水，3~5 天后浇缓苗水，第一花穗开花坐荚时浇第一水。此后仍要控制浇水，防止徒长，促进花穗形成。当主蔓上约 2/3 花穗开花，再浇第二水，以后地面稍干即浇水。保持土壤湿润。

根据豇豆长相和生育期长短，按照平衡施肥要求施肥。豇豆忌连作，在施足基肥的基础上，幼苗期需肥量少，要控制肥水，尤其注意氮肥的施用，以免茎叶徒长。盛花结荚期需肥水多，必须重施结荚肥，促使开花结荚增多，并防止早衰，提高产量。同时，应有针对性地喷施微量元素肥料，根据需要可喷施叶面肥防早衰。

3）插架引蔓

用细竹竿等插架引蔓。

(7) 病虫害防治。

1）农业防治

针对当地主要病虫控制对象，选用高抗多抗的品种。创造适宜的生育环境条件。控制好温度，适宜的肥水。深沟高畦，严防积水。清洁田园，生产中保持场所卫生，采收后将病叶、残枝败叶和杂草清理干净，集中进行无害化处理，保持田间清洁。尽量实行轮作制度，如与非豆类作物轮作三年以上。有条件的地区应实行水旱轮作，如水稻与蔬菜轮作。

2）物理防治

夏季覆盖塑料薄膜、防虫网，进行避雨、遮阳、防虫栽培，减轻病虫害的发生。铺银灰色地膜或张挂银灰膜膜条避蚜。利用频振杀虫灯、黑光灯、高压汞灯、双波灯诱杀害虫。

3）生物防治

积极保护利用天敌，防治病虫害。用90%新植霉素可溶性粉剂3 000~4 000倍液喷雾防治细菌性疫病。用0.6%苦参碱·内脂加入323助剂2 000倍液喷雾防治蚜虫、粉虱。用10%浏阳霉素乳油1 000~1 500倍液喷雾防治红蜘蛛、茶黄螨。

4）化学防治

①锈病。发病初期，可用25%烯唑醇或三唑酮可湿性粉剂2 000倍液，或40%氟硅唑乳油1 500倍液，喷雾防治，每7天喷一次，连续喷2~3次。

②灰霉病。发病初期，可用25%嘧菌酯悬浮剂1 500倍液，或50%多菌灵可湿性粉剂400倍液，或40%多硫悬浮剂800倍

液，或14%络氨铜水剂300倍液，或47%春雷·王铜可湿性粉剂700倍液，喷雾防治，7~10天喷1次，连续使用2~3次。

③炭疽病。发病初期，可用25%嘧菌酯悬浮剂1 000~1 500倍液，或75%百菌清可湿性粉剂600倍液，或50%多菌灵可湿性粉剂500倍液，或80%炭疽福美双可湿性粉剂500倍液，或65%代森锌可湿性粉剂500倍液，喷雾防治，每7~10天喷药1次，连喷2~3次。

④细菌性疫病。可用53.8%氢氧化铜2 000干悬浮剂1 000倍液喷雾防治。

⑤根腐病。发病初期，可用70%甲基托布津可湿性粉剂500倍灌根，或50%多菌灵可湿性粉剂400倍液，或用75%百菌清可湿性粉剂600倍液，喷雾防治，每7~10天喷一次，连续喷2~3次，重点喷洒植株的主茎基部。

⑥豆荚螟。可用2.5%溴氰菊酯乳剂2 500倍液，或10%吡虫啉可湿性粉剂200倍液，喷雾防治。

⑦蚜虫、粉虱。可用1.5%除虫菊素水乳剂2 000倍液，或10%吡虫啉可湿性粉剂2 000倍液，或25%噻虫嗪可湿性粉剂1 000倍液，喷雾防治。

⑧潜叶蝇。可用2.5%溴氰菊酯乳剂3 000倍液在成虫产卵期喷雾2~3次。

（8）及时采收。

在种子未明显膨大时采收，注意不要损伤花芽花序。